BLACK SWAN | 黑天鹅图书

为 人 生 提 供 领 跑 世 界 的 力 量

BLACK SWAN

保持旺盛的好奇心,取得正当的财富,赢得他人的尊重,做最具体、最实在的事情,而且勤奋地去做,而不去空谈大道理。这就是我认为的最有尊严的生活。

——罗振宇

罗辑思维

有种 有趣 有料

迷茫时代的明白人

罗振宇 著

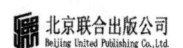

图书在版编目（CIP）数据

罗辑思维：迷茫时代的明白人/罗振宇著.—北京：
北京联合出版公司，2015.8
 ISBN 978-7-5502-5787-0

Ⅰ.①罗… Ⅱ.①罗… Ⅲ.①成功心理—通俗读物
Ⅳ.①B848.4-49

中国版本图书馆CIP数据核字（2015）第157774号

罗辑思维：迷茫时代的明白人
 作　　者：罗振宇
 出 品 人：唐学雷
 责任编辑：侯娅南
 装帧设计：仙　境

北京联合出版公司出版
（北京市西城区德外大街83号楼9层　100088）
北京尚唐印刷包装有限公司印刷　新华书店经销
字数210千字　　710毫米×1000毫米　1/16　19.5印张
2015年9月第1版　　2015年9月第1次印刷
ISBN 978-7-5502-5787-0
定价：42.00元

未经许可，不得以任何方式复制或抄袭本书部分或全部内容
版权所有，侵权必究
本书若有质量问题，请与本公司图书销售中心联系调换。
电话：010-82069336

目 录

第一章 个人崛起的力量

01 大公司：和蚂蚁一起起舞 /003
这是一个不可思议的年代 /003
所有危险都有不可预测性 /004
这个世界是不可控制的 /009
高度控制，唯有惨败 /012
拿出一种园丁精神来 /014
破解方案1：放眼全局 /016
破解方案2：组织变形 /019
激发起底层的惊人力量 /021
用不确定性对抗不确定性 /024

02 大英帝国：不控制的智慧 /027
什么是大英帝国 /027
大英帝国的内在逻辑 /028
《国富论》说服了英国人 /030
最会算账的英国人 /031
不控制反而是最好的控制 /033

暴力镇压真的就好吗　　／035
是败亡还是转型　　／040
跟老祖宗学管理智慧　　／042

03　大门口的野蛮人　／045
人类的繁荣到底是怎么来的　　／045
日本经济衰落之谜　　／047
老而不死，是为贼　　／050
大航海精神今何在　　／056
迈阿密：靠罪犯和流浪汉繁荣起来的都市　　／059
创新：低素质者与高素质者的双人舞　　／062
患上"日本病"的香港将何去何从　　／065

04　市场的广度　／068
灯塔应由谁来建造　　／068
经济学中的灯塔问题　　／070
灯塔其实就是一盘生意　　／071
民营企业建立免费设施的可能性探讨　　／073
市场有的是办法　　／075
免费的福利，其实背后都有成本　　／076
救还是不救？这是一个问题　　／079
中国第一支私人消防队　　／080
最现实的解决方法何在　　／083
保险公司已经演化为一种金融手段　　／084
漠视市场的力量，是要吃亏的　　／087

第二章　创业去

01　微革命：躺倒也能当英雄　/091
从技术爆炸开始说起　/091
个人崛起的优势1：惊人的发展速度　/092
个人崛起的优势2：大规模吸附资源的能力　/093
个人崛起的优势3：机会越来越多　/095
微创新身法之一：转身　/097
微创新身法之二：立定　/100
微创新心法之一：呻吟　/102
微创新心法之二：躺倒　/103

02　发现你的太平洋　/106
发现新大陆堪称一次伟大的创业　/106
不断地抛弃存量，去寻找全新的栖息地　/107
麦哲伦的创业史　/109
库克船长的创业故事　/110
创业的四个逻辑　/111

03　疯狂的投资　/113
人类社会的贫富差距会越来越大　/113
电报就是维多利亚时代的互联网　/115
跨越大西洋电缆的商业传奇　/116
创业者都是乐观的疯子　/119
有好点子，就要马上行动　/124
什么是创业者式的吹牛　/125

菲尔德的创业失败史　/127

菲尔德的财富大喷发　/130

富人凭什么挣到那么多钱　/132

第三章　互联网进化论

01　和你赛跑的不是人　/139
这是一场空前的人类危机　/139

我们都低估了互联网　/142

你会不会技术性失业　/145

技术势必带来灾难性的失业　/147

这一轮危机怎么破　/151

放弃追求地位，转而追求联系　/154

放弃追求效率，转而追求趣味　/156

02　3D打印有未来吗　/160
3D打印是比互联网更大的事　/160

什么是3D打印　/162

工业社会的两大绝活儿　/164

消费者和生产者的大分裂　/166

3D打印的本质：数据驱动的制造　/169

人的作用被释放了出来　/171

3D打印真的能实现吗　/172

为什么我们应该乐观看待3D打印　/174

谁也控制不了技术的成长方向　/179

如果3D打印完全实现了　/180

每个人都应该活在趋势中　/182

03　未来脑世界　/185
沙堆实验的启示　/185
人类的进化通往何处　/186
人脑就是互联网发展的终极状态　/187
全球脑的量子跃迁　/191
人工智能不会是人类的敌人　/193
你是促进了连接，还是阻碍了连接　/195
终极的连接，就是隐私的完全丧失　/197
互联网社会中的新型伦理　/199
竞争的胜败并不取决于产品的优劣　/201
小公司的成长之路　/203
小公司的两种活法　/204

第四章　今天我们该怎么活

01　你因挣钱而伟大　/211
富兰克林凭什么被崇拜　/211
花花公子的罗曼史　/214
"第一个美国人"　/215
做个奸商又何妨　/220
商人，就要对自己狠一点儿　/222
不认死理，只认利益　/224
全世界最伟大的和事佬　/232
挣钱是世界上最体面的生活方式　/234

02　大家都有拖延症　/ 236

拖延症三大要素　/ 236

拖延症是不能治愈的　/ 237

拖延症到底是不是一种病　/ 239

把拖延变成一件有价值的事　/ 241

得学会跟自己玩心眼儿　/ 243

拖延症背后的庞然大物　/ 246

现代社会加重了人的拖延症　/ 247

拖延症是人类进化历程送你的礼物　/ 250

03　费马大定理　/ 253

当生命开始封闭，他就已经凋谢了　/ 253

中西方数学的本质区别　/ 255

挑战者死：第一次数学危机始末　/ 258

爱法律更爱数学，秀财富不如秀智商　/ 260

那些嫁给数学的姑娘　/ 264

数学就这样救回一条命　/ 266

全球高智商人群的接力赛　/ 268

费马大定理终结者横空出世　/ 271

04　怎么当个明白人　/ 276

从进化论开始谈我们为什么会犯糊涂　/ 276

因果颠倒带来的思维陷阱　/ 277

你被混乱的因果关系蒙蔽了吗　/ 279

大机构也逃不过因果的思维误区　/ 280

一定要警惕的三个老鼠洞　/ 282

相似性和接触性　　/ 283
公共政策的很多失误　　/ 285
阿斯巴甜：隐藏很深的因果关系　　/ 286
我们可以信的因果　　/ 287
这些都只是小概率事件　　/ 289
因果关系就是说故事　　/ 291
读点经济学作品的必要性　　/ 292
放开视野，面向未来　　/ 295
我的两个生存信条　　/ 296

第一章

个人崛起的力量

01 | 大公司：和蚂蚁一起起舞

这是一个不可思议的年代

中国古代有一个笑话，说有个聋子看到别人放炮仗，就觉得好奇怪啊，好好的一个花纸卷，怎么说散就散了呢？这个故事告诉我们，你有一个感官通道封闭后，不管你多么用劲地观察，都是没有办法理解这个世界的。

现在，我们人类世界，甭管是政治还是商业，都处于一个特别神奇的时代，我们经常会感觉到，"这个花纸卷怎么说散就散了呢"？

比如说诺基亚被收购了，那样坚若磐石的庞然大物原来也能崩溃；微软这个10年前还炙手可热的大企业，如今做什么都做不成，没准儿也离死不远了；原来默默无闻的一些小企业，比如说三年前大家还不知道的小米，突然就成为估值100亿美元的公司了。

小米发布2999元47英寸（1英寸=2.54厘米）的互联网大彩电时，搞得我那些在传统彩电公司工作的朋友大惊失色，倒抽一口凉气。为什么？他们原来那个大帝国就此接到了"病危通知书"，不知道哪一天就要倒掉了。

即使是国家层面，美国当年那叫一超独霸，现在面对叙利亚这么一个弹丸之地，也感觉到狗咬刺猬一般地为难，不知道从何下嘴。这个世界真的是眼看它起高楼，眼看它宴宾客，眼看它楼塌了，谁都不知道自己烈火烹油似的繁华能够持续到哪一天。

给大家推荐一本书——《不可思议的年代》。这本书的作者大有来头，叫作库珀·雷默，他是基辛格的弟子。他是一个飞行特技驾驶员，还是一个很著名的国际政治学者。

这本书就是针对美国提出来的一整套如何适应新世界的解决方案，对于所有身在传统商业大组织中的人都有借鉴意义，也就是大象如何才能和蚂蚁一起舞蹈。

所有危险都有不可预测性

大象为什么遭遇到这样的困境？答案只有一个，由于以互联网为代表的新技术带来了全球政治、经济、社会格局全新的变化。这个变化最核心的地方是什么？就是个体崛起。

第一章
个人崛起的力量

举个例子来讲，《罗辑思维》为什么能够存在？要知道我们现在每期的点击量有100多万，跟CCTV有些著名栏目也相差无几。我们是怎么做到的呢？央视所有的资源都是从组织内获取，得有各地的差转台、各个城市中心的转播塔、底层的上万名员工，才能做出一些好栏目。

我们《罗辑思维》是草根生长，我们也不是没有资源、没有底座，我们也有，优酷等互联网视频网站的带宽服务器免费给我们用，张小龙团队不眠不休多少个日夜做出来的微信我们也在免费用。我们没有必要进入到央视那样的体系里，就能获得如此开放、全面、强大的资源。

像罗胖这么温柔敦厚、一副无害的表情的人获得这样的资源倒也罢了，如果这资源落到恐怖分子手里呢？据说从2008年开始，人类就可以从互联网上完整地下载天花基因的制造方案，而且这种天花基因是可以对现在所有的防疫系统进行突破的。也就是说，这种天花基因能秒杀所有疫苗。所以很多人就说，也许过不了几年，第一个可以秒杀所有疫苗的天花病毒就将在某个恐怖分子家里制造出来。一旦制造出来怎么办？

据说，前几年美国国防部也做了一个实验，电脑模拟了一下人类感染了这种新型天花病毒会怎么样。结果，几周之内，几百万人都死了，最后国防部干脆把插头拔了，说这事别再弄了。这个危机往下演算下去，就是美国人灭绝，因为在整个电脑推演当中，没有发现任何现行的防疫机制可以阻止这次瘟疫的蔓延，它太快了。

这就是个人崛起的力量,但是这还不是根本。这本书里最有趣的观点,就是所有危险的不可预测性。有人会说,无非复杂一点儿,有什么是不可预测的?因为从远古有人类开始一直到今天,我们追求的就是可预测、可预见。搞商业的人都知道,任何计划的执行无非是"计划、执行、检查、调整、提高"这几步,我们必须知道所有的事情要往哪儿发展。

什么叫不可预测性?如果世界陷入了不可预测性,原来工业社会建立的系统就会全部崩溃掉。这正是我们即将面对的局面。

这本书里记载了一个实验,叫"沙堆实验"。如果取一堆沙,一粒一粒地往下滴,一开始它会形成一个自组织,形成一个非常漂亮的圆锥形。可是随着沙粒一粒一粒往下滴,沙堆不可能一直保持圆锥形,总有一刻沙堆会发生崩塌,尤其是那个尖,"啪"的一下就不成形了。

这就是科学上著名的沙堆问题:什么时候崩塌可以预见吗?

最开始沙堆实验是作为一个思想实验提出来的,提出者叫巴克。他认为没法预测,但是没有验证。后来,美国一位科学家干脆真的做了这个实验,发现巴克的猜测是对的。当沙堆堆成一定的规模之后,再往上去,每个点发生崩塌的概率都一样,并非堆得越高越容易崩塌。这是沙子,不是泥土,每一粒沙之间没有黏性,只有挤压的作用。

这个实验的执行者提出了一个数字,他说每下来一粒新沙,原来沙堆内部结构的复杂度,每一秒钟提升100万倍。这

第一章
个人崛起的力量

就是指数级的概念了。请注意，它只是沙堆内部的复杂性，而这种复杂性跟外部的冲击力是无关的。沙堆发生了结构性的变化，但是没人知道它会怎么变。

我们现在的社会不就是这样吗？互联网把每一个人从传统的小共同体当中剥离了出来，很多公司的离职率大增，每一个年轻人都觉得，我认识好多人，我网友多得是，那么多公司都在网上招聘，我随时可以去。这就是剥离出来的一种力量。

我们不会像我们的父辈那样，好不容易找到一份工作，在单位事事都要听领导的，争取早日当上组长、车间主任，顺着体系往上爬。现在不是了，互联网为每一个人打开了眼界，让每个人还原到沙子的状态，它不再是凝结在一起的土块，它几乎没有任何可建筑性。

也就是说，当整个社会由这些分散的像沙粒一样的人和小组织构成的时候，沙堆实验当中呈现出来的一个逻辑，就可怕地出现在我们的面前——下一刻发生什么，你根本不可能知道。

这本书里最让我震撼的就是这个沙堆实验。当人类那么多种因素堆积在一起，不知道是什么原因，可能是一个新的NGO组织（Non-Government Organizations的缩写，意为非政府组织）诞生了，可能是一个印度农民离家出走了，可能是硅谷出现了一个新的技术，可能是北京中关村两家公司合并了。就这么一颗沙粒往下一落，整个系统突然就发生了崩塌，这种可能性难道不存在吗？

没错，越来越多的不确定性正在笼罩这个世界。就像中国的楼市,很多经济学家都说,楼市马上就要大跌了。这道理谁都懂,一个暴涨的市场,总有一天会发生大跌。可是什么时候跌?如果他敢斩钉截铁地告诉你一个具体日子,那这个人一定是骗子。这是因为楼市和刚才我们说的沙堆实验是一样的,是一个复杂的系统,是由所有消费者、楼市投资者、基金、政府、全球的政治和经济架构决定的一个沙堆,里面的复杂性一点儿不比刚才我们说的沙堆要小。它什么时候崩塌,早就在实验中被证明,是不可预测的。

20世纪几乎所有的科学领域都出现了这样的进展,科学发展到最后,发现这个世界是不可预测的。20世纪初,海森堡就把不可测量带入了整个量子物理,后来流体动力学、信息论,包括数理逻辑里面都发现,最后否决了因果关系,否决了世界的可测量性、可理解性,很多现实才可以解释。所以,这个世界的本质没准儿就是不可预期。为什么呢?因为很多小家伙的力量,当它逐步强大之后,爆发出来的后果是可怕的。

很多人都知道蝴蝶效应,一只蝴蝶扇动翅膀,不知道哪里就会爆发龙卷风。现在,我们的商业大组织面对着同样的不确定性。前几年,我给很多企业当危机管理顾问的时候,偶尔也管点儿公关的事,我始终坚持一个观点:企业的舆论危机是不可管理、不可预防的,只能在它发生之后随之舞蹈。但我这个观点很得罪人,因为很多公司就是靠预防危机、管理危机吃饭的,我这么一说不是砸了人家的饭碗吗?

我跟他们抬杠的时候经常会说,当一个大组织、一个大企业处在互联网的舆论环境里时，它根本不知道哪一个对它有伤害的声音会被加速，会被强化到企业根本承受不住的地步，而且根本没法预判，他可能就是一个个人。所以如果我听到谁说"我能够管理危机"，我就会抬杠说："那你倒回去两年，替中国红十字会把郭美美给预测出来。"到现在，也没有人可以证明郭美美跟中国红十字会有一毛钱的关系，但又如何？中国红十字会的名誉已经毁掉了。

个人崛起的时代不像以前，恐怖分子给公安局打电话说："我放了十万个炸弹。"公安局马上就全城排查，只要拆掉一颗炸弹，风险就少掉十万分之一，这是可以预测、可以管理的风险。可是现在呢？公安局只能安排全城人民大撤离，没有别的办法。当每一个风险都能成为郭美美级的风险，请问我们的企业还能躲到哪里去？这风险还怎么预测呢？

这个世界是不可控制的

《不可思议的年代》告诉我们的第一个坏消息是，这个世界不可预测，而第二个坏消息就更要命了——这个世界不可控制。

书中举了一个例子，苏联解体。如果时光倒转，让我们回到20世纪80年代，我们跟别人说"苏联要解体"，恐怕全世界没有一个人会相信，因为那是一个看起来坚若磐石、有着坚强的控制力、拥有克格勃这样的组织的国家。它的政治结构看起来比美国还要稳固、还要强大，怎么会在短短几个月之内，呼啦啦大厦倾倒，就那么垮掉了？真的是很让人震惊，包括美国人在内。

美国人刚开始惊呆了，然后就开香槟庆祝——冷战我们赢了。戈尔巴乔夫弄垮苏联之后，反复强调的一个政治观点就是：美国人一直说他们赢得了冷战，这是个错误。但是美国人不这么看，他们写了一大堆文章来分析，说首要的原因是美国搞星球大战计划把苏联的经济拖垮了。有没有搞错？苏联的经济是不太行，可那会儿并不是它最不行的时候，乌克兰大饥荒死了几百万人，那时候怎么没垮？而且苏联垮了之后，类苏联结构的国家，比如古巴、朝鲜，它们的经济更糟糕，怎么现在还没垮？这个原因是解释不通的。

第二个原因，美国人搞了很多反苏的油印小册子在苏联境内进行传播。《不可思议的年代》的作者把这个分析告诉了俄罗斯的专家们。他们哄堂大笑，说那种油印小册子以及"美国之音"的广播，在苏联人民的生活中已经是常备品了，存在几十年了，怎么会刚好在20世纪80年代末90年代初突然就爆发了呢？这个理由说不通。

还有人说是因为美国的"软实力"，苏联是被牛仔裤、麦当劳、摇滚乐、美国的电视剧、好莱坞电影、迪士尼轰垮的。也不能说这个分析一点儿道理也没有，持这个观点的是美国著名的战略学家奈斯比特。怎么定义软实力呢？软实力的标准定义是，能够在其他国家人民心中建立偏好的能力。你爱看我的电视剧，爱用我的文化，那时间一长，你不就喜欢上我了吗？你喜欢上我，就会厌恶现在的统治者，然后摧枯拉朽，你就到我的碗里来了。

可是我们仔细想想，好像也不对。随便举两个例子，俾斯麦对法国文化真是崇拜到了极点，他非常喜欢巴黎，可是第一支血洗巴黎的外国军队不就是他带领的吗？抗日战争的时候，哪个日本指挥官不是用我们中国人发明的汉字写战地报告、发布命令？正是那些命令让中国陷入一片火海中。就像现在中东的恐怖分子，他的包里可能就放有麦当娜的唱片，而旁边就是招募人体炸弹的招贴。一个来自第三世界国家的学生，上午刚在美国大使馆递交了哈佛大学的入学申请，下午就可能跑到美国大使馆里扔石头。所以，美国不遗余力地加强软实力、建立偏好，与其他国家对美国的反感甚至是敌意，是并行不悖的两件事情。

软实力在国际政治上真的起过作用吗？事实上，我们没有看到过例证。那苏联崩溃到底是什么原因导致的？后来，我又看到一种解释，说是苏联内部发生了崩溃，是苏联统治集团内部的精英们在苏联的后期，都希望这个政权垮台，是这种力量从内部把它撕碎的。

高度控制，唯有惨败

不管美国人写了多少文章，对苏联垮台的原因是怎么分析的，我们可以做出一个判断：这是一个复杂的系统，它的崩溃没有绝对的因果关系，是不可预测的。

美国人针对苏联制订的各种计划真的起到过作用吗？真的能够控制这件事情的发生吗？恐怕未必。为什么控制在复杂的系统是无效的？原因很简单，因为对方不是死人，他就站那儿，你施以小计，他就正中你的下怀，这件事情可能发生吗？

我们再拿美国的另外一个策略"中东和平"来说，这是美国近些年每一任总统都想留下的一座历史丰碑，可是从来没有成功过。有一个在中东斡旋的美国外交官曾开玩笑说，斡旋中东和平进程的外交官是世界上唯一终身从事的职业，因为这事儿永远没完没了。

为什么呢？机理其实很简单。美国先抛出了一个计划，以色列就说，我得从这个计划中再争取一部分能获得以色列人民欢呼的条件。而巴勒斯坦解放组织那边呢？民族主义者得反对这个计划。等这两种声音各自把老百姓说服之后，双方就开始把这个计划两边扯，直到把这个计划碎为止。所以在中东和平的问题上，从来没有哪个美国总统抛出的任何一份计划是能够成功的。

这本书里还举了一个例子，就是电脑病毒。2008年的时候，一个顶级黑客发现全球的互联网有一个巨大的漏洞，他突然觉得自己陷入了一个逻辑怪圈：如果着手修补，那就得宣布一个计划，但是这就等于告诉那些特别坏的黑客，那些想去盗窃他人财产的黑客，去利用这个漏洞。可是，不说又怎么修补呢？一个想炫耀自己的技能和发现的黑客，是注定不能挽救互联网的。所以那一次互联网危机，最后是靠一帮黑客和一帮公司用极其秘密的方式，让全球互联网度过了一劫。

再举一个例子，就是"9·11"。美国2001年9月11日遭受到那次大打击的三天之后，9月14日，布什总统就在国家大教堂发表演讲，演讲词写得那叫一个气壮山河。他说："'9·11'袭击是敌人用他们选择的方式，在他们选择的时间里发起的；现在，我们美国人民要用我们选择的方式，在我们认可的时间里把它结束掉！"可是这句话里包含着一种愚蠢，一种试图控制对方的愚蠢。没错，美国很强大，想打谁就打谁，把萨达姆干掉不费吹灰之力。可是你有没有想过，你结束了一个故事，但是你也亲手开启了另外一个比前面的故事更悲惨、更具灾难意味的故事。

后来，我们在伊拉克就看到了这种情况。美国大兵长驱直入，横扫萨达姆政权，犁庭扫穴。可是接下来呢？整个伊拉克的社会系统崩溃了。这其中有一个细节，美国人当时想，我只打有生力量，只要把它打散，把萨达姆推翻就行了，基础设施咱们要尽量保住。美国人也确实用高科技手段做到了这一点。

可是等整个社会系统崩溃之后发生了什么？美国人好不容易保住的基础设施，随后就被伊拉克那些溃兵、那些普通百姓在短时间内破坏得一干二净，所有的成果都丧失了。

拿出一种园丁精神来

系统崩溃带来的后果是美国人没想到的。美国人打利比亚，利比亚原来还有一个卡扎菲，虽然很多人嘲笑卡扎菲，说他只是一个母鸡，站在一堆蛋面前，说"这堆蛋是我的，我是他们的妈"。其实这堆蛋他一个都拿不起来，因为那是一个部族政治的国家，部族政治只是那些酋长跟卡扎菲达成的暂时协议而已。所以把卡扎菲搞掉之后，利比亚的社会崩溃，这个国家重建的难题就落在了美国人的头上。美国人一脚踩在了烂泥塘里，死活拔不出来。

这就是追求控制的结果，结束了一个灾难，又迅速开始了另外一个灾难。在人类历史上，所有高度控制的系统，一旦遇到一个具有高度灵活的低度控制系统的时候，往往都是惨败。

中国历史上就发生过这么一幕，解放战争中，蒋介石追求的就是中央控制。新一军、新六军派往东北的时候，全副美式装备，所有给养都由国民党的后勤部队供给，军容非常整肃，正规军嘛。蒋介石还不放心，亲自打电话指挥战斗，一直要打到团长级别。

延安那边呢？人家不追求控制，东北野战军进东北的时候，就地征粮、就地征兵，先搞土改，然后动员百姓参军，根本没有一套发达的后勤系统，但是部队很灵活，很有战斗力。延安丢了没关系，毛主席带着大部队就那么走了。中央和各野战军之间的电报联系甚至不太通畅，没有关系，将在外君命有所不受，随便打。

这就是两个系统之间的差别，结果大家都知道了。最典型的一次战役是辽沈战役中的胡家窝棚战斗。当时，两股部队纠缠在一起，连长找不到团长，团长找不着师长。林彪一看，好，越乱越好。他这么说是因为共产党的军队是有价值观系统的，虽然打散了，但他们都知道，看见敌人咱们就要消灭掉。而国民党军队是中央控制，中央控制一旦丧失，那不就是没头苍蝇了吗？结果在胡家窝棚，廖耀湘的司令部生生被一个摸黑过去的共产党小分队端掉了。这次胡家窝棚战斗对辽沈战役的整个进程都产生了非常重要的影响。

所以，面对一个越来越像生态系统、越来越不像机械组织的世界，用控制这种方法，你觉得还能成立吗？

1974年，著名的经济学家、自由主义大师哈耶克获得了诺贝尔经济学奖。领奖的时候，他发表了一篇演说，很有意思。他先客气了一句，说经济学终于有诺贝尔奖了。紧接着话锋一转，说："人们正在呼吁经济学家出来谈一下，如何才能使自由世界摆脱不断加剧的通货膨胀这种严重的威胁？然而，必须承认，正是大多数经济学家曾经推荐甚至极力促使政府采取的政策，造成了这种局面。"就是说，现在经济不景气正是这些经济学家给政府瞎出主意导致的。

这篇短短的演讲，感觉就像是替所有经济学家向大伙儿道歉。哈耶克最后说了一段话，大意是：对待一个复杂性已经根深蒂固的系统，我们要采取一种什么姿态？不是自大地以为我们能够控制它的姿态，不能像工匠打造器皿那样去模铸产品，而是必须拿出一种园丁精神，像园丁看护花草那样含情脉脉地看着这些花草，利用自己所掌握的知识，通过提供适宜的环境，维护它的生态，帮助它成长。

这篇演说的名字叫《似乎有知识》，多奇妙的名字。对于我们所熟悉的事物，我们似乎觉得自己有知识，可实际呢？实际上，我们一无所知。

破解方案1：放眼全局

在《罗辑思维》以前的视频节目里，我们一直在强调个体的崛起。在这里，我们要讲的是大组织面对个体崛起之后的困境，怎么破？有解吗？有。《不可思议的年代》这本书的作者就提出了一个思路，叫深度安全。这个思路比较复杂，简单说就是两条，第一条就是放眼全局。

美国人在"二战"后期发现有点不对头：为什么我们拿燃烧弹轰炸德国，反而导致德国人民众志成城，团结在了希特勒的周围呢？这就是我们刚才讲的高度控制带来的一个结果，你想影响他，让他按照你的方向走，但是对方往往不会让你如愿。

"二战"后，美国人吃的亏就更多了。在越南战争中，美军B-52轰炸机发射的军火量，远远超过"二战"的总和。但是又怎么样？美国败了。在越战中成长起来的一批美国军官，在越战结束之后一直在思考这个问题：我们哪儿错了？

冷战时期，西方的军人以美军为首，一直在做一道推演题：如果苏联举全国之力向西欧发动进攻的话，我们用多大的火力才能把苏联阻截在50千米之内？结果发现不可能，苏军要一直打到德国，把德国打败，才能止下步伐，此时双方将进入对攻战。可是这个情况是不可接受的，这要死多少人啊？肯定血流成河。所以一些年轻军官就提出来：可不可以不直接消灭他的有生力量，而去打一些后方的节点？什么节点？比方说我们不把敌人打死，只把他们打成伤兵，这不就增加了对方战地医院的负担吗？然后，我们定点去攻击对方的油料库、医院，包括一些通信设施，攻破他们的后方网络。经过电脑推演，大家发现这个策略挺好，反而能在50千米到100千米之内就阻截住苏军的进攻。

后来在实战中，美国的军人就一直用这招，打伊拉克的时候用过，打南斯拉夫的时候也用过。当时，他们有一招，就是先用飞机空投石墨做的丝。大家都知道石墨是细丝，可以导电的，美国在整个南斯拉夫的电网当中就投放这种细丝。结果就导致南斯拉夫的电网大面积的短路,贝尔格莱德整个城市陷入一片黑暗。我们那个时候看电视新闻的时候,老觉得那是防空需要,不是,那是真的停电了,让美军给弄的。所以,南斯拉夫整个民心士气一下子就崩溃了。

你要说这玩意儿新鲜吗?它不新鲜,尤其是我们中国人听起来,这叫什么新鲜?因为我们《孙子兵法》从来都是这么说的。在兵法中讲究一个"势",什么叫势?势就是我制造一种情况,让敌人按照我想让他去的那个方向去运动,这就是制造势。换句话说,中国的兵法在心中一直是有全局观的。

要想有全局观,我们就要学会不控制的艺术。很多东西都是这样的,我们想控制一件事情,我们想推动一件事情,但是结果呢?比方说有新闻说,得经常回家看看,这件事得立法,不孝敬老人这可不行。后来又听说读书要立法,不读书判刑这事好像有点不对。但是你看,所有这种思维都是中央对边缘的控制型思维,我们拍桌子喊:《新闻联播》播了,全民得读书!是好意,可问题是这种控制结构面对一盘散沙——互联网式的一个纷乱的生态系统,真能起到作用吗?你呼唤读书,老百姓就真的拿起书本吗?

所以,甭管你是立法,还是加大中央的宣传力度,都是没有用的。什么是有用的呢?比如,可以扶持《罗辑思维》这样的节目,然后由这样的一个个读书社群形成网络,然后让这些种子自由生长。这恰恰是放弃控制的思路,而用生态对生态的观点,用全局的思维来达成自己的目标。

破解方案2：组织变形

第二个就是组织变形。既然对方是蚂蚁，你非要当一头大象，那对不起，你只有被蚂蚁啃死的结局，不会有第二种可能。

那怎么组织变形？我们为什么讲很多军事故事？因为你要知道，在五百强企业中，西点军校毕业的高管比哈佛商学院毕业的多。美国人打阿富汗的时候，就进行了一次重要的组织变形，主导人叫拉姆斯·菲尔德——美国人当时的国防部部长。他在任上做了一件重要的事情：把美国的战斗组织进行了重组。

原来苏军打阿富汗的时候，是正规军往里开，是中央控制系统往里走，最后铩羽而归。美国人不这么干，苏军是把70%的成本用于火力，30%的成本用于寻找目标。拉姆斯·菲尔德说："我们能不能通过组织创新，把这个成本结构给颠倒一下？70%的成本用于搜寻目标，30%的成本用于对敌打击。"他把美国大兵分成了好几百个三人小组。每个三人小组中，一个人是炸弹专家，一个人是通信专家，一个人是战斗专家，三个人带一套5000万美元的装备，结伴在阿富汗山区寻找。他们一旦发现塔利班组织的人，通信专家就向后方发一封电邮，后方就直接发炮弹把它定点清除，甚至弹药量都是计算好的。

后来，中国的民营企业家冯仑就提出，看来今后正规组织的变形方向就是这个方向，所以他给这种组织起名叫"特种部队组织"。这种特种部队组织在中国的商业结构里面也很典型,保险公司"扫楼"的都是特种部队。虽然只有一个人敲门卖保险,实际上他背后有一个庞大的支持系统,保险公司的那些精算师会算出每一个保险产品的赔率。所以,未来的组织系统很可能就是这样,让前线听得到炮声的人发命令,后台去做支持;而不是后台发命令,前方去执行。

让听得见炮声的人做决定,这也是华为这家中国很有创新精神的公司近几年提出来的组织变革的方向。为什么要做组织变革?因为对方也在变革,很多第三世界国家的军队都是仿照美国军队建立的。当然,你模仿我,你又不如我,当然就打不过我。但是"二战"之后这些国家的组织都在进行变形,用冯仑的说法,他们变成了"基地型组织"。他们的特征是什么?成员极度离散,成本各自负担,然后靠价值观协调。针对这种组织变形,正规组织如果不进行变形,那是不可以的。

中国历史上也是这样,为什么农民战争一爆发,中央王朝这个中央控制系统就很容易发生崩溃?我在史料中看过这样的故事,说李自成打仗非常简单,因为他说是有几百万人的军队,哪有什么正经军人?都是老百姓、饥民,想跟着他抢口吃的。攻城的时候也很简单,所有男丁只要能上去捣一块砖下来就可以去吃饭,拿不回来就只能死在城墙根前。他没有什么战术,就是这么一哄而上,然后像蚂蚁一样把一座城池瞬间啃成白骨。他这种打法,中央正规军还怎么跟他打?

清朝的太平天国也是这样,清政府做了什么样的组织变形呢？它变成了突击队，由恭亲王在中央主持，然后让汉族士大夫各自组织团练。当时，打太平天国的结构就是这样：曾国藩在安庆，胡林翼在湖北，李鸿章在江苏，左宗棠在浙江，彭玉麟管水师，各自爆发出活力，各自为战。就是这么一个结构，最后把太平天国给打下来了。你不能不说这是清政府在面对危机的时候，自发所做的一次组织转型。唯有这种分散力量、完成组织转型的方案，才是对抗这种新兴的蚂蚁型组织的唯一有效的方案。

激发起底层的惊人力量

在《不可思议的年代》这本书里面其实举了很多这种组织变形的例子。比方说，南非有一个治疗肺结核病的医疗项目，政府非常重视这个项目，就让医生去监督老百姓吃药。结果，因为那个药物的副作用非常大，老百姓说还不如死了算了，干脆不去治，最后这个项目执行得非常糟糕。

后来有一个治疗艾滋病的项目，因为治疗艾滋病的"鸡尾酒疗法"非常复杂，而且非常昂贵。那些黑人老百姓得了艾滋病之后，就自发地组织起来，每周或者每个月通过同乡会互相学习、互相帮助。当活力来自于民间的时候，这个项目就运行得非常好。

这本书里还举了一个商业上的例子，也非常有意思。十几年前,巴西有一家企业,老板叫塞姆勒。他说巴西通胀率已经到了百分之百了,在这个国家做商人,就像地震的时候骑在一头暴怒的公牛上,真正可怕的不是公牛的颠簸,而是地震。这个国家的整个经济环境太不稳定了,企业简直没法干下去,他就不想干了。

可是一旦他不干了,工厂的工人怎么办?工人代表就找他谈判,说:"这样吧,我们主动要求降低工资,但是你得答应两个条件。第一,以后工厂如果挣钱了,我们的分红能不能增加点儿?"塞姆勒说这个可以,反正现在什么都没有,以后万一挣钱了多分点没问题。"第二条,以后你签出去的每一张支出的支票,得由我们工会代表附签,就是你花的每一分钱都是花我们的。"塞姆勒说这也行,反正什么都没有了,死马当活马医。

结果怎么样?在通胀率百分之百的情况下,这家企业居然盈利了!因为每一个工人都觉得,"这是我的公司,它要死了我就没饭吃了"。后来通货膨胀期过去了,塞姆勒觉得这个体制很好,就保留了下来,什么都让工人自己决定,自己什么都不管了。

有一次选择建新工厂的地址,塞姆勒说你们工人自己投票决定吧。工人们就选择了一块地,这块地旁边就是当地人常年闹罢工的地方。塞姆勒心里犯了嘀咕:这里天天乱哄哄的,天天在罢工,行吗?结果新工厂建成之后,出现了这样的情况:旁边天天在闹罢工、游行,这家工厂里的工人却天天钻在车间里搞技术革新。

塞姆勒的工厂里还发生了一件事，有一个车间的叉车工人平常是八点上班，可是这个车间的工人说，早点上班，多干点活吧，以后七点上班。可是那个叉车工人死活不干。结果呢，这个车间所有的工人都学会了开叉车。

底层的力量就是这么大，所以塞姆勒这家公司现在变成了巴西一家特别奇怪的公司，可能在全世界也是独一无二的。塞姆勒就根本不知道他雇用了多少人，也不知道这家企业在干什么，因为这些决定都不是他做的。他作为一个大股东、精神领袖，经常到车间里跟工人们握握手就行了。你看，底层力量一旦被激发起来，就是吓死人的力量。而底层力量怎么激发？组织得变革，这是这本书给我们提供的第二个答案。

其实中国的企业当中，这样的变革少吗？太多了。前不久，我遇到一个广州的企业家，他从事的是传统制造业，一直渴望能完成互联网转型。可是他琢磨来琢磨去，觉得靠自个儿可能没戏，所以就想了一个招："员工们不都嫌制造业没钱赚，想跳槽吗？那就在公司里搞个创业PK大赛，跟那个《赢在中国》是一样一样的，每年两次。全民投票，如果这届大赛你赢了，你去创业，我就支持你，白给你个人股份，我控股就行。"对于那些有创业计划的人，这个思路就很有新鲜感，也很有吸引力。结果几年之后，这家传统制造业企业居然控股了几个具有强烈互联网基因的子公司。

很多人都说变革难，关键你要知道你变革的是什么，你以为变革产品就行了？你以为搞一搞市场调研就行了？不行的，组织得变。

用不确定性对抗不确定性

我还想补一个答案，既然世界是不确定的，那怎么办呢？其实终极的答案是，用不确定性对抗不确定性。

我还记得当年听《冬吴相对论》的时候，吴伯凡老师讲过一句话，他说什么是健康？健康就是指在得病和不得病之间的那种摇摇欲坠的状态。对啊，世界上哪有绝对的好和绝对的坏？也许你自认为是健康的，可是从头到脚去想，你会发现你浑身都是毛病。不说别的，谁敢说自己所有的牙都是标准的、完整的、好的？

整个世界都是不完美的，可是传统的管理，尤其是日本管理学那一套，都是想把事情往完美去做，这是工业社会在确定性的时代，想要用控制的方法来达成的一个目标。

但是这个时代已经过去了。在互联网让每一个个人都崛起的时代，如果你再用确定性的、可控制的思路去面对你的竞争对手，你可能就会面对大象被蚂蚁吃掉这样的结局。

怎么办？用不确定性对抗不确定性。什么叫不确定性？其实就是一个"人"字。我们还会说到战争，战争是最具有不确定性的，尤其是在古代战场上，没有那么多的侦察设备，也许连敌方在哪儿都不知道，所以古代的名将不见得一定是大儒，很多名将一个大字都不识。

高阳先生笔下的清代名将鲍超就不识字，但是有很好的直觉，他站在山头一看，时候差不多了，就喊："兄弟们，冲啊！"大部队就冲下去了。但是什么时候喊这句，这就是不确定性，这个不确定性只有在直觉非常好的将领的心中才会有。所以岳飞有一句名言："运用之妙，存乎一心。"请注意，"一心"就是说只有一个人的心里可以掌握这个秘密。

柳传志先生曾经讲过一句话，可能要被西方管理学笑话死，他说，在中国做企业要"因人设事"。事儿得靠谱，更重要的是得找到靠谱的人，我觉得这人能够控制这个事，这事就可以干了，这就叫"因人设事"。所以乔布斯故去之后，你骂库克有什么用？他不是乔布斯，你希望他达到乔布斯用他的不确定性和创造性完成的那种创新，可能吗？他根本就不具备乔布斯那种不确定性，自然不可能带来令你惊讶的结果。

《不可思议的年代》这本书的腰封上写着几行字："旧时代的全球秩序摇摇欲坠，传统的精英们束手无策，现在是轮到我们登场的时候了，我们每个人都可以参与创造我们的社会。"正是如此，以不确定性对付不确定性，那我们就具有了不确定性。

有很多人在问，《罗辑思维》有确定性吗？万一你罗胖哪天出车祸死了呢？或者你哪天厌倦了不想干了，这个商业模式不就垮了吗？

我的答案是两条。第一条，垮了就垮了，那它就是回归了生态系统。生态系统的生物就像草一样，一岁一枯荣，有生有死，这难道不正常吗？为什么要追逐那种控制，一定要基业长青呢？"老而不死，是为贼"，如果没有了生命力却还苟延残喘着，那叫吸血僵尸。何必要追求长久？

第二条，如果它很长久怎么办？还是回到生态系统。

总之，请参与到我们的时代、我们的社会重建中来，我们等着你。

02 | 大英帝国：不控制的智慧

什么是大英帝国

从历史学的概念来看，严格地说，大英帝国成立于1877年，因为这一年英国女王才自封为印度皇帝，她的称号当中才出现了"皇帝"这个词，所以这一年大英帝国才算实至名归。

按照《帝国》一书的作者、英国著名历史学家弗格森的说法，大英帝国的历史其实就是丘吉尔这个人的历史。丘吉尔出生于1874年，他3岁的时候，大英帝国刚刚成立。丘吉尔死于1965年1月，他老人家亲眼看着这个帝国起高楼，眼看它宴宾客，眼看它楼塌了。他是目送这个帝国进入坟墓的人，1965年基本上也是大英帝国分崩离析的一年。所以丘吉尔的一生，也可以说就是大英帝国的一生。

1877年，仅仅是历史学定义上的大英帝国的起点。如果我们要追寻这个帝国的内在逻辑，找寻它的历史逻辑起点的话，那还要往前推整整100年，也就是1777年。1775年，莱克星顿的枪声拉开了美国独立战争的序幕。1777年正是美国独立战争打得最凶的时候。

说到这儿，你可能已经明白了，后来那个如日中天的大英帝国，其实是美国独立战争打完之后，一败涂地的英国在废墟当中浴火重生出来的帝国。

大英帝国的内在逻辑

英国人确实很悲哀，跟西班牙人、荷兰人、法国人打了几百年的架，好不容易开拓出了一块殖民地，现在人家却独立了。

当年，英国就陷入了这样的状态，欧洲列强都在嘲笑它，英国国王乔治三世恨不得脱袍让位以谢国民，这真是一次重大的挫败。

但是，我在读历史的过程当中，觉得美国独立战争赢得好蹊跷，因为甭管是美国人写的书还是英国人写的书，他们描述的都是：华盛顿是一个了不起的人，很有道德感召力，士兵们就算饿肚子，就算没有粮饷，甚至连整齐的军服都没有，也愿意跟着他干。

革命故事都得分两段讲，像中国，爬雪山、过草地得有，可是"三大战役"打得蒋介石满地找牙的英雄故事也得有，但是美国独立战争却没有。我们几乎看不到英国人怎样从一个占尽优势地位、通过多么惨烈的战役逐渐被削弱的故事，以及华盛顿将军运用怎样伟大的战略把英国人打败的故事。

这背后的逻辑到底是什么呢？

其实，我们不能按照一般的逻辑来理解这场战争，因为人家毕竟是"亲父子"。所以，当英国人撤出美国、认账的时候，包括1783年美英在巴黎签署《巴黎和约》的时候，英国人都是同样一个心态：既然不划算，老子不玩了。

其实英国人的逻辑就是这样的：这个儿子不听话，打吧，我现在有一点儿打不动；即使我打赢了，又有什么好处呢？英国人算了算账，儿大不由娘，随它去吧。这个才是英国人止息了美国独立战争的真正原因。

我们可以给英国人算一笔账，英国人在美国独立战争之前，其实还和法国人有过七年战争，耗费了多少军费呢？12亿英镑。我们今天看12亿英镑没多少钱，也就够建一座体育馆的，当年可是一笔不得了的巨款。

打完七年战争之后，英国人留了1万士兵在美国驻守，除了一些防卫的任务，还要跟印第安人作战。这1万人一年的军费是35万英镑。这是多大的财政负担啊！

那么，英国人能够从美国殖民地拿回多少税收呢？每年11万英镑。英国人傻吗？为了维护对美国这块殖民地的独占权，每年要花掉35万英镑，然而只能收回11万英镑，时不时还要支付一大笔像七年战争这样的军费支出。所以，从简单的账面资产上算，英国人不玩这局游戏是可以理解的。

很多人的逻辑是这样的：但凡领土，哪怕是一块小岛，我们也不能丢。但是英国人不这么想，为什么呢？这就得说到一个人——《国富论》的作者亚当·斯密。

《国富论》说服了英国人

《帝国》这本书的作者弗格森前两年参加美国的TED（美国一家私有非营利机构）演讲的时候，曾经讲过一段俏皮话："1776年的时候，一个著名的英国绅士写了一本书，这是那一年的大事。那一年还发生了一件小事，就是我们的一块殖民地要闹独立。"这段话让现场所有人都哈哈大笑，美国人都明白他在说什么。

这段俏皮话背后的逻辑其实特别有意思。美国独立战争和亚当·斯密发表了《国富论》，这两件事情到底哪个更重要？弗格森认为《国富论》更重要，因为正是《国富论》以及它包含的那些思想说服了所有英国人，"我们应该按这种方式去走我们的道路"。

什么方式？在《国富论》这本书的第七章里面，亚当·斯密帮英国人算了一笔账：第一，如果让美国独立，军费负担降下来了；第二，自由贸易的秩序马上又开始了，何必要独占呢？独占只对那些得到英王特许的商人有利，对老百姓的自由贸易没有利。第三,毕竟我们是同文同种,有那么多政治、法律、经济、血缘上的联系,此时虽然撤出了,但大家的情感马上就会恢复。以后万一我们英国出什么事,人家小兄弟还会来帮我们的。

不是说一个大学教授的一段话就能说服所有英国人,关键是英国有一批政治家听得懂这个逻辑。

最会算账的英国人

英国历史上最有趣的一个政治家,就是1783年上台的小皮特。首先,他的年龄就很传奇,他当首相那一年刚刚24岁,是英王力排众议,让这个乳臭未干的小伙子当了国家的掌舵人,而且一当就是近20年。大英帝国正是在小皮特当政这20年中,完成了从美国独立战争的废墟中浴火重生的历史重任。

这个小皮特是亚当·斯密的粉丝。有这样一个历史记载,说有一天,小皮特跟很多政治家在一个房间里开会。这个时候,亚当·斯密推门进来了,全体立即起立。亚当·斯密说:"先生们,你们坐,不要客气。"小皮特说:"不行,先生您得先坐。"

这有点中国古代尊师重道的范儿,为什么"您得先坐"?因为这个屋里所有的人都是亚当·斯密的门生弟子。

从这个细节中,我们可以判断出两点:第一,亚当·斯密用他强大的说服力,说服了当时英国的主流政治家们;第二,这个说服带有一种恍然大悟、拨云见日的色彩。大家为什么这么尊敬他?说明此前它不是常识。

亚当·斯密带来了什么思想呢?虽然每个人都对各自的利益负责,但是只要参与分工,只要参与交易,大家最后都能受益。这么一算账,殖民地的问题就很好解释了,不要占有它,用大家的兄弟感情、血缘联系做生意就好。这样,我们就可以在整体的交易中获得新增的利益,而不是去争夺已经产生出来的财富。这是亚当·斯密算明白的一笔账。

100多年以后的19世纪末期,当整个欧洲列强都抖擞精神要冲出欧洲、走向世界、强占殖民地的时候,大家的心态是不一样的。英国人这套逻辑在亚当·斯密那个时代就已经形成了,而其他国家因为是后来者,往往是带有一种军备竞赛的心态去强占殖民地的。按照英国历史学家霍布斯·鲍姆的说法,这些其他国家在殖民地上用的钱是不划算的,是连本儿都没收回来的。

1904年,德国一本杂志上画了一幅漫画,很形象地表达了列强们对待殖民地的不同心态。德国人讲规矩,他们把鳄鱼、长颈鹿都弄来跟德国人学正步走;法国人比较自由浪漫,与当地的土著部族打成了一片;比利时国王二话不说,就把所有土著人放在烤架上烤,然后把肉一块一块割下来给吃了;而英国殖民地的场景就比较好玩,英国人是把当地人培植成商人,然后跟他们做交易。

当然，德国人为了讽刺英国人，画了一个大磙子，英国士兵把当地的商人弄到磙子下碾轧，榨出最后一个便士。等榨得破产了怎么办？再派一个传教士过去，让当地人信了上帝，从此他们的心灵就安顿下来了。

你看，即使在德国人的嘲笑当中，英国人的做法也是最聪明的一种。

不控制反而是最好的控制

说回到我们的题目上来，什么是大英帝国？英国人虽然也用枪、用刀、用暴力，但从维多利亚时代开始的100多年里，英国处于一种自然生长的生态系统中，反而是暴力色彩最淡的一段时间。

所以，如果不是专业的历史研究者，根本就分不清什么是英格兰、大不列颠、大英帝国，不知道英国女王或者国王那么多头衔到底是什么意思。

英国的殖民地也是摊了一地，每一块殖民地的情况都不一样，有的是自治，有的是半自治，有的是托管殖民地。比如说印度，有些邦是英王直属，有些邦是当地自治的土邦，自治的土邦里面情况也不一样。

再比如说美国，美国独立的时候是13个殖民地，可是这13个殖民地来源都不一样。马萨诸塞是当年的"五月花号"落脚的第一块土地，是清教徒们自己开拓的殖民地；弗吉尼亚是英王特许的一个殖民者开拓的，后来由一家公司经营，那个公司破产后，国家又接管；北卡罗来纳，是英王特许的一块殖民地；罗德岛，是马萨诸塞的一帮人因为不服当地的管理，自己跑过去组建的一个殖民地。

每个殖民地的情况千差万别，那这个国家还有战斗力吗？当时欧洲人，包括德国人，就是这么嘲笑英国人的：破破烂烂，浑身是补丁，我只要打你一下，你就分崩离析了。

结果"一战""二战"后，谁分崩离析了呢？德国完蛋了，而看起来破破烂烂、不成系统的英国反倒硬硬朗朗的，一直挺到了丘吉尔他老人家去世。

个中原因其实亚当·斯密、埃德蒙·伯克这些人讲得很清楚了：统治不成，情意还在；情意不在，生意还在，我们的整个基础就在。

所以，当大英帝国崩溃了之后，即使大家成了一个英联邦，各过各的日子，但是每隔几年还是会开一次英联邦运动会，赛一赛鸵鸟，女王出来跟大家招招手，也挺好，还有这么一个情感纽带。

你可千万不要以为这是个弱纽带，它很强。比如说"二战"的时候，加拿大人、澳大利亚人、新西兰人都派出了自己最强的部队去帮助英国人作战。新西兰人跟德国人又没仇，而且德国人又打不到它，对它的安全毫无威胁，为什么要帮英国人？这就是情感纽带在起作用。

再比如阿根廷老以为自己跟美国关系好，在英国和阿根廷闹矛盾的时候，美国刚开始也是来调停的。但是双方要是真打起来，美国人会是什么态度？立即把兵舰借给英国人，把军事情报提供给英国人。我们俩是亲兄弟，200年前是一家，谁认得你阿根廷啊！到现在这感情纽带还在。

所以，今天英国真正统治下的领土，似乎已经回缩到英伦三岛，当然还有一些殖民地，比如说太平洋、印度洋、大西洋上的一些岛国，但是这些从财产的角度来说没有什么意义，从领土上来说也没有太大的意义。

但是我们不能说，大英帝国安乐死之后留下的这个英联邦已经毫无力量。它仍然有一种力量，而这种力量之所以能够存续至今，是因为在200年前，英国人算了一笔精明的账。

暴力镇压真的就好吗

英国在美国独立战争之后明白了，再也不能用暴力去管理自己的殖民地了，而应该让它们像生物一样自由生长，最后形成一种以英国为核心的贸易秩序和自由的经济生态。这对大英帝国是一种最有利的制度安排。

正是因为理解了这一点，所以在美国独立之后，大英帝国重新起航，用100多年构建出了一个盛极一时的日不落帝国。

可是国家跟人是一样的，总是时而明白，时而糊涂。涉及利益实在太大的时候，就会犯糊涂。大英帝国真正的劫难是在20世纪到来的，也就是大家熟知的印度问题。

印度作为大英帝国的殖民地，和当年的美国可不能等价同观。美国一年不过给英国本土贡献11万英镑的税收，蝇头小利而已，可印度不同，因为它的利益太大了。据历史学家记载，当时印度的产出占整个大英帝国GDP（国内生产总值）的40%，这是多大的一块肉啊！

我们可以看一下大英帝国全盛时期的版图，它的殖民地非常多，可是有一个规律：都拱卫在印度周围。当时，英国曾经提出了一个"两C计划"，"两C"就是开罗和开普敦。开罗是大英帝国经地中海、红海、苏伊士运河进入印度洋的通道；开普敦是大英帝国经大西洋，绕过好望角，进入印度洋的通道。这两条通道就是大英帝国的商业生命线。

如果让印度独立了，也就意味着英国女王皇冠上的珍珠没有了。

但是这一天还是到来了。此时"一战"刚刚结束，英国人觉得在印度的统治很稳固。但是就在这一年，印度发生了"阿姆利则惨案"：1919年4月13日，在印度北部城市阿姆利则，当地的总督和总司令临时做了一个非常残暴的决定——向集会、抗议的民众开枪，当场死了几百人。

在英国人的伦理道德体系下，这件事情是不可原谅的。在印度这个爱好和平的民族面前，英国人突然公开打死了几百人，这件事也有着强烈的舆论传播意义。"阿姆利则惨案"，点燃了印度民族主义的火光。

而且这个时候，印度独立的所有的准备工作，大英帝国基本都替它做好了。比如说甘地，就是在英国本土学习、接受了英国文化，然后在南非走上了领导南非印度人反种族歧视的斗争。这些，基本形成了他的宗教、人生观和社会政治观。

现在，因为民族认同问题，民族主义通过甘地这些人迅速传播开来。应该怎么办呢？英国人的反应和当年在美国独立战争之前的反应如出一辙——镇压。有特别残忍的，比如说当时的印度总督戴尔，曾经鞭打大量印度当地的老百姓，还制定了一些法案，剥夺了他们很多基本的人权。

其中最让大家恼火的是一个事件。有一个英国传教士骑自行车穿过一条街，结果被当地的民族主义分子给打了。打了就打了，接下来该怎么判就怎么判。不，总督决定羞辱一下当地人，就下了道命令：谁以后想从这条街上过，就得爬过去，为你们曾经对我们的不礼貌向我们谢罪和道歉。

在民族主义的火苗燃得正旺的时候，这种事无异于火上浇油，所以双方搞来搞去，渐渐地就变得不可收拾了。

大英帝国命中还有一劫，就是希特勒。希特勒跟英国人挑明要开战的时候，印度开始嚷嚷着要独立。大英帝国根本受不了前后夹击，最后不得不向印度提出了一个条件：你们印度人现在帮我打"二战"，只要打胜了，就让你们独立。

印度人很讲道理，"那行，我们打"。转眼就到了1945年，德国投降了，8月15日，日本天皇也宣布投降，这叫独立日。所有印度人都在等这一天，等着英国人兑现他们的承诺。

这个时候，印度的民族主义情绪已经酝酿、升华，而且长出了全新的东西：民族主义内部的民族主义。当时的国大党实际上都是反抗英国的，可是随着"二战"的爆发，这个矛盾被掩盖了，酝酿出了一种别的东西：两种宗教之间的分歧。准确地讲，就是甘地、尼赫鲁这一支和真纳代表的穆斯林一支之间的分歧。

时隔多年，我们不说谁对谁错，因为很多东西一旦牵扯到民族、宗教就没理可讲。尤其是"巴基斯坦之父"真纳，作为穆斯林的领导者，他那个时候已经得了绝症，他特别希望在临死前看到巴基斯坦的独立，只不过别人并不知道。

这时候坐下来谈判的其实就是三方：一方是甘地、尼赫鲁，一方是真纳，一方是英国人派来的印度总督蒙巴顿。蒙巴顿作为最后一任印度总督，来印度之前，首相就告诉他："你身负着从来没有过的权力，你做任何决定英国政府都不会干涉，放心大胆地去干吧。"

从这个命令当中，我们可以看出，英国人当时很明白，能踏踏实实走，别闹得腥风血雨就很好了。所以，蒙巴顿实际上是到印度来调解的，他后来抛出的印巴分治方案，即"蒙巴顿方案"，背后的宗旨就是不惹事，和平地撤退。

但这个时候，英国人想和平地撤出，事实上已无可能。我们看一下当时谈判桌上的局面。

尼赫鲁说："我们独立，做联邦，大家都适当地自治，但是我们还是一个印度,好不好?"

真纳说:"门儿都没有,我们巴基斯坦必须独立,跟你印度分家。"

尼赫鲁拗不过,就说:"分家就分家,那就按宗教信仰来分吧。"

但是,有一些邦,可能一墙之隔的两家人宗教信仰都不一样。那这个地方到底是分给印度,还是分给巴基斯坦呢?比如说今天的克什米尔,其实就是这个问题。

当时,英国人急着撤,想在8月15日之前把这件事搞定。只剩下两个月了,蒙巴顿没办法,随意地派了一个根本就不了解当地情况的老律师去处理。老律师丝毫没有考虑当地的民族宗教构成,就随便在地图上画了一条线,这边归印度,那边归巴基斯坦。

结果在1947年9月8日,爆发了延续多日的大规模教派冲突,造成了1000万人的大逃亡,以及伴随着大逃亡的大屠杀。

如今在国际政治舞台上,印度和巴基斯坦之间仍然有着无法弥合的裂痕,很多人讲这是蒙巴顿使的坏,是英国人使的坏。

其实我觉得这样说是没有理解大英帝国的核心逻辑。大英帝国就是在重蹈100多年前在美国犯的错误,它老想去占有,老想去控制,老不让殖民地独立,老不用一个聪明的、明智的、其实英国人自己已经悟出来的,并且在亚当·斯密时代就已经创立出来的那套方法,去处理印度问题。结果,就酿成了这样的惨剧。

所以，对印巴矛盾以及造成的惨剧，英国人应该负责，我们得肯定这个结论。

后来，非洲国家渐次独立的时候，英国人就学乖了，非常和平地、理性地给了自己一次安乐死。

回顾大英帝国的历史，我们不禁要提一个问题：控制真的就好吗？

是败亡还是转型

前面，我们用简短的篇幅为大家勾勒了一下大英帝国的崛起和败亡，对，请注意这个词——败亡。我们在看待20世纪中叶大英帝国的解体的时候，通常都是从这个角度来看的：你败了，你不行了，你下场很惨烈。

但是，我们不妨从英国人的角度来看这件事，没准儿答案就不一样了。英国人没准儿觉得：什么败亡，这叫转型成功好不好？毕竟这两三百年，我哪一次也不是困兽犹斗，把自己搞得遍体鳞伤，只剩最后一口气，然后带着沮丧的心态躲到历史的角落里去舔伤口。我每次都是放下历史的包袱全身而退，做了历史时点当中的最优解，那是我当时最好的答案。就算印巴分治导致血流成河，流的也不是我英国人的血，我英国人见机行事，及时地撤走了。所以，这叫败亡吗？而且，今天全世界的英联邦还搞运动会，还赛鸵鸟，我们女王还出来挥手呢，我们王子结个婚，全世界人不都在抢着看吗？为什么？我们还是有强大的文化影响力嘛。怎么能说我们败亡了呢？我们是转型。

表面上，我们说的是大英帝国，其实我想说的是从工业社会结束，一直到互联网社会到来，这个时代最重要的一个主题：商业。传统的大组织如何适应这个新的浪潮，完成大英帝国式的转型呢？

很多企业家都在喊转型，但是你不要听他的，因为主动的转型从来不存在。比如说现在很多的工业企业，看着腾讯、阿里巴巴、小米那么风光，也很羡慕，但是这远远构不成转型的力量，转型的动机一定是来自于它搞不定了。

前不久，我认识了一个开连锁发廊的企业家，他就告诉我："真的是搞不定了。那些优秀的发型师已经没有任何理由再在我这儿干了，他们有固定的客户，有手艺。在CBD（中央商务区）随便租一个一居室，雇一个助手，就可以把生意继续做下去。他们为什么不要那份自由、那份尊严，跑到我这儿打卡上班，领绩效工资呢？"

互联网社会就是这样把传统工业社会那种板结的结构全部打碎了，变成点和点、点和线，每个点都可以和整个社会发生连接，变成一个全新的结构。我们过去追求确定性、追求控制的所有管理方法全部失效了。

过去的所谓管理，无非就是追求确定性，时间不靠谱，我让你打卡，追求时间上的确定性；绩效不靠谱，我搞KPI（关键绩效指标）考核，追求绩效上的确定性；人心不确定，我搞企业文化，搞团队建设，说白了就是给员工洗脑，让员工变得更靠谱。

这一套管理工具在互联网时代，面对90后的新员工，苍白无力得一塌糊涂，怎么办？罗胖没办过企业，也没有招，我只能给大家打个比方，提供一些解决问题的思路。这个其实就是中国老祖宗的智慧。

跟老祖宗学管理智慧

四大名著里面有两本讲的就是传统工业社会，这两本就是《红楼梦》和《三国演义》。

在传统工业组织里面，上下结构其实就是《红楼梦》里面的权力结构。上面坐着一个老太太，老太太有几个爪牙，核心是王熙凤。所有人的饭食，每一个丫鬟、每一个小主的月例银子，都得从王熙凤指头缝儿里抠出来，大家能不乖乖地听她的吗？

假设咱是一个丫鬟，想在贾府里混得好，应该怎么办？就得勾搭宝玉，甚至是琏二爷，变成通房丫头。变成通房丫头之后，最好被收为妾，变成赵姨娘。成为赵姨娘之后，再给主子生一个娃，也许这娃像贾环那样不招人待见，但毕竟也是半个主子；最好再把大太太盼死，把咱扶正。这就是一个晋升台阶，导致上上下下一片扭曲，而且这种组织结构一直在风雨飘摇中。前天还是元妃省亲，烈火烹油一般，今天就树倒猢狲散了，覆巢之下无有完卵。

传统工业组织里面的平行结构其实就是《三国演义》，书中体现的就是：零和博弈。甭管原来是多亲多近的弟兄，最后为了荆州这屁大点的地方都可以拔剑相向，原来的联盟都不算数了，部门和部门之间推卸责任、互相坑害，争斗无尽无休。

老祖宗还给我们留下了另外两本著作，那就是《西游记》和《水浒传》。

《西游记》中的唐僧师徒其实就是典型的互联网时代的小型创业团队，可能团队里的几个人脾气都不好，也没有什么严格的管理方法，大家连《杰克·韦尔奇自传》都没看过，甚至不知道他老人家是谁，这几个人就知道做一个产品。这样的公司没准儿最后反而成功了。

很多很大型的互联网公司，就是唐僧师徒式的团队成长起来的，到现在还是几个老哥们儿在那儿撑着，虽然有掉队的，但他们有清晰的愿景，有互相之间的谅解。你看唐僧什么都不会，他就一个目标：去天竺。有了这么一个核心，就容易形成一个非常有战斗力的小组织。

更牛的就是《水浒传》，梁山上是没有KPI考核的，也没有打卡机，它只有一个核心，这个核心不是以权力和暴力为基础的，而是以人格魅力为基础的。核心人物就是宋江，江湖人称"及时雨"，所有英雄好汉见到他都是翻身便拜。

这个团队的其他人都是临时凑出来的，有的是兄弟，有的是隔壁二龙山上的，有的原来就认识，后来因事牵扯上山的。

不管怎么样，大家上了山之后都是平等的兄弟，同样是大秤分金、大块吃肉，只不过有个排名座次而已。

怎么做事呢？临时组织团队，比如宋江说："要打祝家庄，哪位兄弟与我出战？"这时候自由报名，一切都是基于自由意志。

你再回头看一下大英帝国，不需要占有、不需要控制，只需要在一个共生的生态当中，大家达成基本的信任和情感的连接，然后用交易的方式来完成协作，来创造共同的财富和未来。这岂不是一个非常好的制度安排？

当然，如何从《红楼梦》式的组织变成《水浒传》式的组织，我也不知道，这个需要每一个企业去具体地落实。

我们《罗辑思维》团队的联合创始人"脱不花妹妹"在一篇文章里说过一段话，也许可以给大家一点儿启发："传统工业社会是用追逐确定性的方式来消灭不确定性。而现在互联网时代追逐一个组织的建设，我们应该用主动接受挑战并迎合不确定性的方式来应对不确定性。"

日本经济衰落之谜

日本经济真的有问题吗？很多朋友从日本回来都跟我讲，日本经济真是不行啊。可是他们的大企业仍然非常好，像丰田、日产这样的公司，在国际汽车市场上的竞争力仍然非常可观。

那你说怪谁？怪日本的技术不好？一部iPhone，三分之一的重要零部件都是在日本生产的。日本一旦有个风吹草动，什么地震、海啸，国际上很多尖端产业都会受到影响。

那怪日本人吗？日本的员工是世界上最著名的兢兢业业的员工，日本经济虽然不行了20多年，日本的员工可是兢兢业业地加班了20多年。

怪日本的政客吗？一个政客不好那可以换，日本的首相换得多勤啊。当年，美国的小布什总统就头疼得要死，老记不住日本首相的名字。

它的政策有问题吗？我们可千万不能把对这么大一个经济体的观察，建立在说他们蠢这个基础上。要知道，日本人才辈出，20多年来他们也想尽了办法。可以说，到目前为止，人类经济学中认为行之有效的所有刺激经济增长的手段，日本人全用过。

你说降低利率好使？那就降，日本甚至一度是负利率。你说支持大型的基础建设管用？那就搞基础建设。日本的基础建设搞到什么程度？有些高速公路，据说只有熊在上面走。

日本的海塘（就是防护海浪对陆地侵蚀的基础设施），已经可防一千年一遇的海浪。日本人当年开过一个玩笑，说如果人类灭绝了，外星人来到地球上，根本就猜不出来这个设施到底是干吗用的，一定会认为这是当年日本人的某种宗教设施。

办法都想尽了，还是无解，所以日本为何经济衰落，对人类来讲是一个大谜题。

那怎么解这道题呢？让我们回到日本经济的现实中去看。

在世界经合组织当中，日本的社会生产效率排名第二十，这是2007年的数字。如果在七个最发达的工业国当中排名，日本正好排老七。排老七什么意思？就是连以懒散著称的意大利人都不如。

日本有那么多高效率的好企业，而总体的社会生产效率排名却这么低，只能有一个解释了，那就是他们还有一大堆效率低到没法看的企业。

日本金融业中有一种银行叫僵尸银行。啥叫僵尸？就是已经死了，但它偏偏不死。日本还有一些企业，它的股市市值已经低于企业的银行存款了，也就是说，你花一大笔钱把这家公司收购了之后，然后把这家公司清盘，这家公司的银行存款都能让你赚钱。

为什么会出现这种奇怪的情况？这源于日本的一种制度：为了社会的安定团结让一些竞争不下去的企业不死。

其实，公司本身是为了应对市场的不确定性，在某一个特定阶段，一些资源临时性的组合方式，自身不应该是一个永久的存在。

过去30多年，中国人也渐渐接受了一个观点：公司要做大、做强、做久。包括当年的马云也这么说，我们要做横跨三个世纪的公司，至少要活102年。

这个念头在中国人心目中有，而日本人中这个毒更深，所有的公司最好都不要倒闭，你以为这是日本社会对资本家好吗？当然不是！这一切只是为了让那些公司的雇员能够获得一笔稳定的收入和稳定的职场生涯。

说到这里，我们还要介绍日本一个特别奇怪的现象，叫终身雇用制。这个终身雇用制和年功序列制，包括企业内部工会和决策审核制，曾经一度被吹嘘为日本经济管理的四大支柱，或者说四大法宝。

提出这个理论的是一个美国学者。1956年左右，他跑到日本去调查，发现日本企业的管理方法和美国不太一样，后来就总结出这所谓的四大法宝，写在一本叫《日本的管理》的书里。后来，因为日本经济形势好，尤其是在烈火烹油的20世纪80年代，所有人都觉得这是很重要的经验。

可是今天我们再回到日本社会一看，原来这个社会是不允许企业死的，因为就怕这种终身雇用制的社会基础发生崩塌。严重到了什么程度？日本专门有一条法律规定，说一家企业要解雇员工，如果你的理由没有得到社会公众的认可，那这个解雇就是无效的。

所有给那些被解雇或者没有工作的工人介绍职业的机构，日本政府都不太允许这些机构存在的，为此设置了大量限制。为啥？因为日本社会认为，人家都没工作了，你还去剥削人家，这种钱也好意思挣？

久而久之，日本社会上上下下就形成了这样一种氛围：大公司不好意思解雇员工，因为怕影响名声；员工也不好意思跳槽换工作，也是怕影响名声。大家合力在维持这个终身雇用制的繁荣假象。

可是我们知道，什么叫市场经济？就是那个著名的词——"看不见的手"，那个手不停地在把社会的所有资源往最优化的方向去配置。该死掉的企业硬撑着不解体，就意味着市场经济这只手其实没有办法让资源得到最优化的配置。

本来某种产业落后了，那这个产业代表性的公司就会解体，其中的员工就会被释放出来，到所谓的劳动力市场上接受培训，然后再到新的产业组合里面找到自己的位置，这是市场经济运行的一个正常模式。可是，日本经济因为这种终身雇用制而丧失了这样一次机会。

老而不死，是为贼

很多人在讲，日本人好可惜，错过了从20世纪90年代开始的IT革命大浪潮，让美国人侥幸地超过去了。这话说得其实很不负责任，因为日本人错过IT革命，不是日本经济衰落的原因，而是结果之一。

其实日本人当年很重视IT。1981年的时候，还没有微软，日本人就提出了一个伟大的第五代计算机的计划。日本财政拨款8.5亿美元，开始进行这个计划，一心想要超过美国人。但是随后的十年间，日本人发现这个计划太大了，最终失败了。

为什么失败了？不是日本人不重视，也不是投入不够，而是市场经济赋予企业这种生生死死的自然节奏，日本人顽固地不去遵守。美国人是怎么搞IT革命的？20世纪80年代初，美国市场上的巨无霸是一些汽车企业，是通用、福特、克莱斯勒。随后就变成了英特尔和微软，再随后就变成了像谷歌、亚马逊、Facebook这样的公司。正是靠这种公司的方生方死，旧的、大的死掉，产生新的，新的由小再变大，完成了这一次伟大的IT革命。

而日本人的企业却始终不死。我小时候看电视广告，是索尼、松下这些公司，现在还是这些公司。孔子说过一句话，叫"老而不死，是为贼"。对，它们就是个祸害。

当大公司要追求所谓的永续经营、基业长青的时候，它们就会成为社会的祸害。而日本上上下下的文化氛围，真的就打造出了一批祸害。

反过来，我们再从人的角度来观察日本的经济。如果你到日本去旅游，会觉得这个国家简直像天堂一样，人和人之间是那样和善、彬彬有礼，素质是那样高，日本的员工是那样勤恳。可是生活在日本的人,却往往觉得日本是一个非常糟糕的国家。

日本有一个艺术家叫村上隆,他讲过一句很著名的话:"日本这个国家什么都有,就没有一样东西,那就是希望。"什么叫希望?希望就是未来的不确定性。如果未来非常美好,但它是有确定性的,那它也不会带来任何希望。

很多中国人从日本回来后的感受是:日本什么都好,就是有一点,你不可能创业,整个社会没有给创新、创业留下任何缝隙。你举目四望,这个社会已经成熟到了一定程度,所有可干的事情大企业们都包了,你唯一可以选择的生存方式,就是进入职场,最好是进入大企业,然后熬年头。

前面我还提到的年功序列制,就是一个年轻人进到大公司以后,按照你的工龄来涨工资,不同的岗位在同等工龄的情况下,工资的差异是极小的,日本人非常排斥所谓美国式的自由经济。

在日本某家大公司的网页上赫然写着一段话:"我们欢迎变革,我们确实需要变革。但是,我们需要的不是那种任由市场作祟的变革,我们需要的是那种温情脉脉的、让所有人感觉到安定、安心的变革。"

老天爷,那还叫变革吗?就拿我们中国来说,前些年,有些上海朋友在讨论:"为什么阿里巴巴这样的公司不出在我们大上海?我们这个地方的经商环境多好啊。"

对,就是因为所谓的环境太好了、太规范了。一个刚刚开始发展的网商公司，难免有一点点不规范，你一会儿工商来查，一会儿税务来查，一会儿消防来查，它还怎么发展呢？所以，很多网商公司只好跑到离上海这个规范的环境远一点儿的地方，比如杭州。

再拿美国来说，当年IBM公司这样的一代巨无霸，它的时代过去之后，就向社会输出了一些人才。现在苹果公司的CEO库克就曾在IBM干了12年，然后跳槽到了新公司。人的变化才是社会创造力的源泉。

而日本这套制度最悲哀的地方，就是它付出了巨大的代价，而它追求的那个东西又没有追求到。前面我们讲的那个大公司要改革，但是要那种安定、安心的改革。可是他们要到了安定、安心吗？没有。

首先，很多日本企业越来越强烈地意识到终身雇用制搞不下去了，所以它们正常的反应就是，原来的老员工存量不动，但是增量——也就是新员工，对不起，你们改叫临时工吧。佳能公司后来任命了一个CEO，叫御手洗富士夫，他上任之后就裁了一万人。日本社会当即就炸了锅，不是说好的终身雇用制吗？你怎么能裁人呢？御手洗说："你们看清楚了，我可没有裁正式员工，我裁的都是临时工。"其实市场经济规律还是在起作用的。

由此，日本社会就酿成了一个族群，叫穷忙族。他们找不到正式工作，一会儿在这儿打个零工，一会儿又到那儿打个零工，但是他们可都有一颗向往稳定的心，都向往有一份稳定的工作。所以，即使大企业释放出了大量的社会边缘人，但是他们却不可能成为社会创新力的来源。

那些大公司里面年过五十、已经丧失创造力的人怎么办呢？企业就把窗边的一排位置给他们腾出来，那可是最好的位置，可以看得到窗外的风景，让他们喝喝茶、看看报纸，度过职业生涯的最后一站就算了。这帮人被称为窗边族。

于是，穷忙族和窗边族这一对大宝贝，构成了日本经济的癌症。你可能会说，日本人求仁得仁，有何怨乎？我们就愿意付出这样的代价，来换得社会的安定。可是得到这个结果了吗？

在世界发达国家中，日本的自杀率是最高的，日本人的幸福指数排名是比较靠后的。你可能又会反驳：日本企业付出这样的代价，换得的就是员工的忠心。我告诉你，这个结果也没有得到。

我看到过一组调查数据，如果问日本的员工："你愿意跟你的企业一起拼搏向上吗？"只有54%的日本员工说"愿意"。而美国人呢？74%的人说愿意。如果问日本员工："你和你的企业价值观一致吗？"只有19%回答"是"。而美国人呢？有41%。如果问日本员工："如果再让你选一次，你还会选这家公司吗？"只有23%的人回答"会"，而美国人这样回答的有69%。说白了，美国员工对公司的忠诚度要大过日本员工。

你可能会说，罗胖，你又在以偏概全了！我经常受到这样的指责。如果把日本经济的整套制度都否定了，那20世纪80年代日本经济的奇迹是怎么发生的？

确实，那个时候的日本经济和日本的这套制度，就好像一把钥匙开一把锁。给大家举一个例子，美国的通用汽车公司，它的上游供应商有2000多家，而且跟这些上游配套厂商每次只签一年的合同。而日本企业就不一样，丰田的上游制造商只有几百家，而且一签合同就是四年。

在汽车这么复杂的产品行业里，确实讲究上下游产业链配套的稳固性，大家最好都是熟人，长年打交道、长年配合。具体到一个人身上也是这样，一个工人在一条生产线上反复钻研自己的手艺，他的产品的质量和精益度，确实更容易提升。20世纪80年代的家电产品也是这样，比如说录像机、电机，里面有那么复杂的零配件，它确实需要这样的制度，需要这样的员工。

可是那个时代过去了，现在的电子业是一个什么时代？叫模块化生产，很多大企业都把生产扔给了富士康这样的公司，富士康是在全球进行采购，各种各样的零配件之间就是一个模块的关系。员工在装配它的时候，不需要多高的技巧，仅仅按照一些图纸，再加上富士康发明的一些专业的装配工具，经过短暂的训练，马上就可以上岗。所以，日本经济的那一整套优势，在现在的电子时代、互联网时代也就过时了。

当然也不是全部过时，像前面讲的汽车业，还有单反相机这种内部结构非常精密的产业，日本人的竞争力现在依然不错。但是，时代大潮不等人，一代新人换旧人。

大航海精神今何在

其实日本社会也不乏创新者,例如村上世彰,他被称为日本民间的股神。2006年,他因为一个所谓的内部交易事件被捕。日本官员当年就这个案子说过一句话:像村上世彰这样的人,搁在美国,就是金融创新的英雄;搁在日本,他就得去蹲监狱,因为日本社会受不了这些不讲规矩搞创新的人。

村上世彰在被捕之前开了一个新闻发布会,讲的一句话发人深省。他说:"日本社会真的就不能给创新者、破坏者留下机会吗?真的就不能让那些创新者重新开球吗?"

日本的经济停滞已经是延续20多年的事情了,再用任何细枝末节的理由也无法解释这个现象。我们只能说,日本整个社会经济结构陷入了一种创新无能的状态。

是日本人缺乏创新精神吗?还真不是。前些年,日本人发布了一个野心勃勃的计划,说要干掉谷歌,搞一个日本人自己的搜索引擎。

日本人这个计划失败了。有一些评论者观察这个计划之后发现,项目的主持人连自己到底要干什么都不知道,就是一堆杂乱的软件开发计划。

这个计划的名字很有意思,叫大航海。什么叫大航海?就是人类在某一个历史关头,这个历史关头不是每一代人都遇得到的,它是远隔几百年才有可能打开一次的窗口。你通过一次冒险抵达一片新大陆,抵达一片完全未知的、远方的彼岸。所以,日本把这个项目定了这么重的名字。

我觉得日本人确实有野心。但问题是,这个项目的搞法和大航海时代的本质精神是背离的。大航海时代,是发现美洲新大陆,绕过非洲好望角开启了从欧洲到亚洲的新航路,甚至是实现环球航行的一个时代,他们是怎么完成的?基本就是靠民间的那些细碎的、自发的创新完成的。

这些创新背后至少有两个因素。

第一点,这个社会一定要发明一种绝佳的应对风险的制度。在大航海时代,搞出了所谓的有限责任公司的制度。以前,一个商人带着一船货出海,他面对的风险是如此之大。万一船翻了、货丢了、被海盗抢了,这个商人就要承担所有责任,因为债主就要找你要钱,你只能把自己的房子、田产卖了,带着老婆、孩子到街上流离失所。风险大到这个程度的时候,人们就不愿意去尝试创新。

有限责任公司出现之后,带来两个结果。一、风险变得可控,因为大家都是按照自己的出资额来承担风险的,大不了这船货全赔掉。也就赔到这个程度而已,不至于牵连其他家产。二、巨大的风险分摊到无数个人身上,这样每一个人承担的风险相对较小。

我们再回头来看日本社会。所有的创新都是产生于一种应对风险的制度安排,而日本的制度安排不是要应对风险,它是要把风险完全消除，这和大航海时代的精神是不一致的。

第二点就更重要了，大航海是谁搞出来的？我们都知道日本人以素质高著称，可问题是，为什么这么多高素质的人搞出了一个停滞的经济呢？我们不妨从反面想一想，那些野蛮人、那些没素质的人，他们对创新的价值又何在呢？这又得说到大航海。

大航海是谁完成的？就是一帮没素质的人完成的。为什么？因为有素质的人不肯吃这个苦嘛。现在，很多船员在巨大的集装箱轮上还怨声载道，说当海员太辛苦、太无聊了，何况几百年前呢？那个时候不知道要走多久，没准儿一条命就要扔到海里。所以每一次出发，大家都抱着赴死的决心。而且那个时候的船又小，因为不知道要走多久，所以尽可能装满食物、水和货物，留给人活动的空间非常狭窄，在上面待上几个月，那个滋味可想而知。尤其在热带航行的时候，食物会很快变质，甚至爬满虫子。

船上空间小，一旦发生疫病，连隔离的可能性都没有，所以经常是半船人、一船人地死掉。那个时候的医疗条件差，无法克服远航中经常出现的坏血症。

那个时候从欧洲海港出发的船上，装的净是流浪汉、无业游民，甚至是逃犯，因为只有他们肯吃那个苦、冒那个险。而这帮人为人类的大创新付出的代价也是很沉重的。根据记载，荷兰东印度公司当时从阿姆斯特丹港带走的人有70万，最后有26万人被抛尸海外，再也没能回来。而那些抵达目的地的人，在当地烧杀掳掠，给很多东方和非洲人的感觉就是：这帮欧洲殖民者怎么这么坏？他们这帮人在欧洲就是地痞、流氓，更何况到了番邦外国，当然坏了。

所以19世纪有一个作家说，即使按照当时的道德水准和评判标准来看，这帮人的言行也是让人恶心的。但是没办法，创新就是要靠这样的人。

迈阿密：靠罪犯和流浪汉繁荣起来的都市

我没有鼓吹低素质等于创新的意思，但是你也不能不信一个邪——低素质的人是有可能搞出巨大的创新和社会繁荣的。

给大家举个例子，1980年，古巴的领导人卡斯特罗说："美国人不是老指责我们社会主义国家不让人民自由移民吗？我自由一个给你看看。"所以这一年他突然把海港开放了，走吧，都去美国吧。很多社会底层的人，什么精神病患者、妓女、罪犯、流浪汉都去了美国。那一年走了15万人，是有史以来最大的一次非军事渡海行动。这15万人去了美国哪儿呢？距离古巴最近的那个港口——迈阿密。

这帮人去的时候身无分文，是一帮赤贫，而且又都是社会底层人士，多数是没有受过教育的人，是一帮粗鲁的人。

可是今天的迈阿密是怎样一座城市呢？迈阿密是除了纽约之外，美国最重要的金融中心；是整个中南美洲所有国际大企业的总部所在地,迈阿密机场是美国最大的货运机场;它还是美国最干净的城市。说白了,如果除掉华盛顿、纽约,整个拉美最大的城市就是迈阿密。

这种繁荣是怎么创造出来的呢?其实就是靠古巴的这一批流氓、地痞、精神病患者、妓女和无家可归的人创造出来的。

我去过迈阿密,去坐过油轮。在那个城市,英语确实不大奏效,满街讲的都是西班牙语,而且房价特别贵,市容非常整洁美好。

我们再回到"素质"这个词。所谓的高素质无非是你学历比较高,你举止比较文明,你道德比较高尚,而所谓的低素质的人不是没文化、没礼貌吗?

可问题是,在创新这件事情上,不见得有文化、懂礼貌、知礼节就会搞创新。创新,它是用任何外在的标准都衡量不出来的,是学校培养不出来的。

其实我们可以找好多好多的例子,就拿美国人来说,爱迪生小时候只上过三年学,他的小学老师认为他是个弱智儿童,但是他临死的时候被证明是人类有史以来最伟大的发明家之一。

福特汽车的创始人亨利·福特,他是爱尔兰移民的后裔。要知道,在美国的白人社会里面,爱尔兰人的地位还不如黑人。

石油大亨洛克菲勒的爸爸大个子比尔——这是他的一个外号,这人是靠卖野药为生的。说白了,洛克菲勒出生于一个底层的骗子家庭。

再比如说那个著名的大经济学家弗里德曼,他的父母是东欧犹太人，到美国的时候身无分文，是最底层的工人。而他们只用了一代人的时间，就出了像弗里德曼这样的世界级大学者。

再说一个大家更熟悉的例子——乔布斯。乔布斯其实是中东移民的后代，而且从小就被抛弃了。所以你看，低素质家庭、低素质的教育，未必出不了人杰。

反过来说，为什么那些高素质的人往往成不了创新的领头人呢？我们会认为，这些人因为衣食饱暖，所以没有勇气打破现状。我觉得这是错怪他们了。

因为每一个人都生活在具体的处境当中，当存量过大的时候，创新本身在逻辑上就是不可能的事情。我曾经讲过一个例子，当年，中国移动的董事长王建宙在美国曾跟谷歌的CEO施密特有过一次对谈。施密特给了他一个建议，让中国移动把电话费给大家免了，然后提供各种各样的增值服务，这是最符合互联网企业运营经验的一条道路。

王建宙说："我知道这条路对，但是我不能干。每年中国移动有数以百亿计的话费收入，你说不要就不要，你对国家负责吗？你对股东负责吗？"

再比如说，很多人指责微软不创新，所以让谷歌这样的公司超过了。是，如果微软能像现在的互联网公司那样，把所有的软件免费，然后争取下一个发展台阶，这在道理上是成立的。但现实上呢？意味着微软每年要放弃数百亿美元的收入，它做得出来吗？任何职业经理人胆敢拿股东的钱、拿公司当年的营收额做这样的放手一搏，那这个人一定是个浑蛋，一定不可信任，股东一定会把他开除。

所以有存量的时候，那些高素质的人是不可能搞创新的。

创新：低素质者与高素质者的双人舞

我们再看一眼"创新"这个词，正本清源地讲，创新实际上是一个双层结构。第一，要靠那些没素质的野蛮人拼命去闯、去冲，因为他们的机会成本比较低。就像马克思讲的，无产阶级没什么可失去的，要失去的只是锁链。所以，试一试有什么不好呢？虽然这样的创新大多数是不靠谱的，是不会有收获的。大量这样的人消失在历史深处，他们的创新没有成功，没有人知道。我们知道的都是我前面讲的爱迪生、洛克菲勒、弗里德曼等人。像弗里德曼这样的人只能是九牛一毛，而且这样的人是无法从芸芸众生当中预先被识别出来的。

不过话又说回来了，不是说由没素质的人创新就一定会成功。今天非洲的索马里，到处都是没素质的人，甚至是海盗，也没搞出什么创新。每年海盗抢的那些钱，如果拿来正经做生意的话，没准儿一次贸易就能够挣回来，但是今天它仍然是一个失败的国家。

所以创新一定要有第二步，就像当年大航海时代，刚开始是葡萄牙人、西班牙人在前面冲。后来，身为生意人的荷兰人素质就高得多了。再后来，真正把全球形成一个大的整体的是谁？是英国人，而英国人的整体素质相对来说要高得多。

其实创新有两种。第一种叫从0到1，真正的大创新往往就是从0到1的过程，就是说这类东西世界上原来就没有，所以这类创新就得靠我们刚才讲的野蛮人去冲、去试，用大量的失败来换取最后的硕果仅存，形成从0到1的创新。

紧接着，必须要接上一种叫从1到N的创新。给大家举个例子，哥伦布是一个素质很低的人，但是人家有勇气、有执着的精神，人家还有运气，所以他就完成了从0到1的过程，发现了美洲新大陆。

可是光发现有什么用？要把这个地方建设成一个美丽富饶的国家，就得等到华盛顿、富兰克林那一代人出现了，因为他们才可以在"1"的基础上，持续地添砖加瓦，可以调动人类所有的知识和经验的存量，扑上去搞建设。这个时候，什么周密计划、事先设计、持续改进、及时调整、顺畅沟通，都得有素质的人去干。

我并不是讲素质低的人和素质高的人谁更重要，只想说，这是一个创新进程中两个不可或缺的阶段。我们现在又面对着一次大航海时代的机会，就是所谓的IT革命。这一次大航海和几百年前的那一次比，有区别吗？有。

首先，不需要靠死人来完成创新，死公司就可以了。那么多创业者，那么多创新公司，靠死公司自然就能够探寻到创新的方向。

再有，谁流血？不是人，而是那些资本。所以，人类在对抗风险上，又有了一个巨大的制度创新，就是众所周知的风险投资。

虽然有这两个重大的区别，但是有一个底层的东西从来也没有变过，那就是靠那些敢想敢干、机会成本特别低、表面看起来可能素质比较低的人，用自己的拼搏精神和机会成本去大量试错，然后找出一个可能的创新方向。此时，有素质的人再扑上去。人类搞创新，自古至今，这个过程从来没有变过。

我们在谈论"经济""繁荣"这些词的时候，往往看到的是数字、是货物、是景观、是城市，但是这个世界真正的本源是什么？是人。从人的视角看经济，天大的难解之谜也就获得了答案。

就像开篇的引子，日本经济为什么会停滞？如果从人的角度看，我们就会得到一个全新的答案，不是什么日本央行的政策不对头，不是刺激政策不到位，而是日本人出了重大的问题。日本社会实在是太温情了，它的社会实在是太成熟了，成熟到了把有一点点不文明的东西、动物精神的东西都丧失掉了。

这个病可就太难治了，因为如果要破除邪恶、野蛮，靠时间、靠理性、靠教育就能做得到。可是如果一个社会的病是因为太理性、太文明，那这个病可怎么治？所以，很多人在问，日本经济怎么打破停滞？答案是不知道。如果你非要一个答案，那只能等待一些难得的历史契机。

比如，日本政府突然想明白了，开放国门，欢迎全世界的移民到日本来发展，这些人就会重新激活日本社会。可是这个好像太难了，因为日本本来就人多地少，已经很挤，而且它那个单一民族的排外传统又非常之发达。

还有一个机会，就是等待一场世界大战，把日本打得满目疮痍，所有人都没有了存量，家徒四壁，大家再回到野蛮人的路子上去，来重新建设这个国家。这样的历史契机会降临到日本人头上吗？那就真的是天知道了。

患上"日本病"的香港将何去何从

最后再说一件我们中国人比较关心的事，关于香港。香港这两年经济好像也陷入了停滞状态，日本的情况在香港身上重演了。很多香港人都说，内地有的政策不好，增加了竞争，等等，甚至在2014年又出现一波非常强烈的对内地人的反感心理。

这些话从情绪上不是不可以理解，但是香港人忘了去反思：过去，香港的繁荣是怎么来的？我们都知道，由于鸦片战争，香港开埠。但在之后的100多年时间里，香港没有发展起来，仅仅是一个中等城市。在1949年前，香港的发展水平肯定不如广州，就更别提上海了。

香港经济真正发展起来，其实是1949年之后的事情。首先是新中国成立的时候去了一批人，然后陆陆续续又去了一批私渡者。香港政府当时对这些偷渡者也是睁一只眼闭一只眼，只要脚踏上香港的土地，基本就当你是香港人了。

有一个阶段，香港富豪榜前100名当中，有40个人是私渡者。他们有什么特点？上岸的时候身无分文，只有一颗要发财、要立足的心，其实就是我们前面讲的那一批野蛮人，或者说是低素质的人。正是他们造就了20世纪六七十年代香港的繁荣。

要知道，那时候，香港的经济条件远远不如今天。首先，与北边的内地意识形态不同。然后，周边的亚洲各国到处都是战火，越南船民的问题到今天也没有彻底解决。很多人对香港那个时代的发展是没有信心的，稍有风吹草动就跑了。

今天呢？祖国给了各种支持，又有安定繁荣的周边环境，但是香港经济却陷入了停滞，这是为什么？是香港政府无能吗？他们也想了很多刺激经济的措施，比如搞什么数码港计划——这跟日本人搞搜索引擎是一回事，但是并不奏效，为什么？

回到人的角度，你会发现香港现在至少有两大问题。第一个问题，它变成了一个在人口上封闭的社会，因为随着经济的发展，香港开始搞福利社会了，开始给老百姓派糖。这本来不是什么坏事，但是派福利不能见人就发，香港现在的在籍人口和常住人口是差不多的，都是700多万，得把自己人和外地人给区分开来。

再看内地，北京、上海、广州、深圳这些地方的常住人口往往是在籍人口的一两倍，对吧？这就是有活力。当然，它也带来了一些负面的东西，比如说不公平等。

对于经济繁荣而言，如果一个社会缺了那些生活在社会底层又没有户口,除了靠自己的双手去拼搏一个前程之外,什么都指望不上的人,你觉得它还会有活力吗?

　　香港的第二个问题,就是它变成了一个文明雅致的社会。这与我们前面分析的那种"日本病"如出一辙,当一个社会足够老熟、文明之后,你就很难在雅致和粗俗之间去构建一个可以促进繁荣的精妙的平衡点了。香港正在失去这个平衡点。

　　所以我一直在讲,对中国的未来,我有坚定的信心。中国在未来的30年,经济一定会好到让人不相信的程度,因为在中国,有大量的、很多高素质的人看不起的人。他们破衣烂衫,他们露出那种渴望的眼神。但是,他们生活的每一点儿改进,都是这个国家经济的新边疆;他们眼神中的每一丝对财富的向往,都是这个国家活力的来源。

04 | 市场的广度

灯塔应由谁来建造

灯塔是一种我们当代人已经不太熟悉的事物，今天大洋上航行的轮船已经完全用不着灯塔了，因为GPS（全球定位系统）这样高、精、尖的设施已经取代了它的功能。

可是在人类早期的大航海时代，灯塔可是一项非常非常重要的基础设施。如果你是那个时候的船长，你怎么来确保前面没有暗礁呢？你怎么能确保自己没有偏离航线呢？你只能根据岸上的一些标志物，比如教堂的尖顶等特征很鲜明的建筑，甚至是岸上的一片树丛去判断。一来二去，人们就想，能不能人为地创造一些标志物，让它挺立在岸边，甚至夜里也可以起到作用呢？于是就发明了灯塔。所以，灯塔是大航海时代极其重要的航海基础设施。

灯塔这个物件曾经引发过经济史上一次重要的争论。这个争论的始作俑者,是一个叫庇古的英国经济学家。他生在19世纪,主要学术成就建立在20世纪,是剑桥学派扛大鼎的人。

这个庇古开创了所谓的福利经济学,他论证的起点就是灯塔。他说人类的经济生活就是一买一卖,靠市场的自由交易不就可以解决了吗?可是有些东西是没法解决的,比如说灯塔。灯塔的使用并不需要双方有身体接触,你作为一个船长,在大海上远远地瞄上一眼,这就算用了。可是,你离我还有十几海里,我怎么追上去找你收费呢?这是第一条。

第二条,有的船长比较缺德,他明明看了灯塔,等你找他收费的时候,他却死不承认,就说没看,那你怎么办?根本没有充足的证据迫使他把银子掏出来。

所以,遇到这种情况,市场经济就需要一次调整。那谁来调整呢?这时候,跳出来一个彪形大汉,名字叫政府。政府说:"你们没有办法收费,我有办法,我可以收税啊。先把税收上来,然后我出面来建灯塔,让大家免费使用,这个问题不就解决了吗?"

从这个思路出发,庇古他老人家推出了一整套所谓的福利经济学的理论,甚至有一个著名的经济学词汇"庇古税",就是用他的名字来命名的。

经济学中的灯塔问题

什么叫庇古税呢？在市场经济的很多交易过程中，会产生一个溢出效应，比如说一个工厂，它做生意貌似只是一买一卖的关系，但是它往空气中排放的污染物却使公众的利益受损，这也叫交易的外部性。

那怎么解决呢？政府又出来了，说交税，给银子，我把你对公众福利的破坏、对公众利益的减损，用税收的方法收上来，然后再还补到社会当中。这种税，就称为庇古税。这个税听起来好枯燥，但是又那么有道理。

但是不久，庇古的冤家对头就出现了——又一个经济学家科斯。科斯跟庇古一样是英国人，但是他后来主要生活在美国。

科斯写了一篇文章，叫《经济学当中的灯塔问题》，专门跟庇古老先生抬杠。有趣的是，庇古是学历史出身的，后来受经济学家马歇尔的感召，才改行学了经济学；而科斯这个学经济出身的学者，研究灯塔问题的思路，反而更像一个历史学家。

科斯一生的学术主张是回到真实世界的经济学，就是说很多东西是经济学家在黑板上推导出来的，是想当然的，我们能不能回到真实的历史当中，看看史料中是怎么解决这个问题的？比如说灯塔问题。

科斯这个经济学家偏要去干历史学家的活儿，考证来考证去，大家就傻眼了。原来，在英国历史上，早期的灯塔居然大部分都是私人建造的。

灯塔其实就是一盘生意

让我们把时间切换到17世纪。在此之前，英国沿岸几乎没有灯塔，大家都摸着黑往前走。后来发现这样不行，我们的海运事业这么发达，总得有灯塔。这个时候，就出来了一个政府机构，名字叫领港公会。

领港公会最早是海员的一个集体组织，比如说有个海员死了，他的遗孀、他的孩子由谁来抚养？有个海员受伤了，怎么给他治疗？所以，大家就集体出钱搞了这么一个工会。但是后来政府一看，说这活儿你们别干，我来！所以，领港公会又成了英国政府的海事机构，主管海洋的一些事务，其中就包括建灯塔。

真的建了吗？建了。建了多少呢？只有一座。

到了1614年左右，很多船员、船主，包括码头上的一些工作人员，一共300多人向政府请愿，说你们赶紧多建些灯塔吧，要不然繁荣的海洋贸易就没法持续了。领港公会找了各种各样的理由，比如说什么经费不足、人手不够、船员的福利优先等，总而言之就是不建。

这帮请愿的人一看，领港公会说的也是事实，那怎么办呢？咱们自己出钱来建行不行？所以，他们又跑去跟当时的英国国王请愿。英国国王一看，反正你们自己出钱，建就建吧。

所以从17世纪初开始，英国的大船主们就开始凑份子去建灯塔。他们是怎么解决这个问题的？

首先，谁出钱？肯定是大船主们出钱。你想，那些大船主的商船装的货比较多，吃水就比较深，触礁的风险相对就更大，一旦触礁，损失肯定惨重。而很多小船主不愿意出钱，只愿意搭顺风车。所以，最后当然是大船主把钱掏了。

其次，怎么收费？也很简单，只要你的船入港，那就算你用过灯塔了，就收你一次费用。如果你好意思舰着脸就是不进港，就在外洋漂着，那也行，这便宜就让你占去吧。

就这样，把钱给收上来之后，也分给领港公会一部分，就当是特许经营权的租金，剩下的作为资本收益，分给建塔的大船主们。这就是当时灯塔建设从投资到收益的整体逻辑。

那么，他们建设灯塔的成绩怎么样呢？从1610年到1675年，私人的灯塔共建了十座。而政府的灯塔呢？一座都没有。

时光荏苒，几百年就这么过去了。到了19世纪30年代（就是英国人当强盗，打到我们中国人家门口之前那个时间段），英国下议院的议员先生们突然回过神来了，说这怎么行？这明明是一个公共基础设施，却被你们这帮奸商拿来盈利，而且挣了那么多银子，不行，我们得收归国有。所以19世纪30年代之后，英国的私人灯塔就基本绝迹了。

这件事留下了两个版本的解释。第一个版本是庇古老先生的解释,他说这盘生意不挣钱,所以政府才跑出来"英雄救美",所以是政府把市场干不了的事给干了。

可是科斯先生提出来了另外一个版本,说灯塔这东西完全就是一盘生意,而且可以挣很多钱,是政府不让商人们挣这笔钱,迫于无奈这盘生意才结束的。

哪个版本更有说服力呢?

民营企业建立免费设施的可能性探讨

请问,政府建灯塔有哪些坏处?我们可以指出两个。

第一个,政府做事效率比较低。这个大家都好理解。

第二个,政府用抽税的方法来建公共基础设施,有时候会带来一些不公平。就拿建灯塔来说,政府抽税是在国境内普遍收取的,如果我是一个住在内陆的公民,这是不是对我就不公平?税我交了,可是灯塔带来的好处,我毛也没沾着啊!

大家琢磨琢磨,私营企业有没有可能跟政府一样,建立免费的灯塔呢?答案是有可能,关键是政府赋予私营企业的经营范围有多大。如果你不仅让它经营灯塔,还把整个码头都交给它来经营,那它用市场行为真的可以建免费的灯塔。

如果你是一个商人,把整个码头都包给你,那你的主要收入来自哪儿?船舶在码头停泊,什么修船、装卸货、船员的娱乐或者卖东西给他们，可能会成为你最主要的收入来源。这个时候，你在码头附近建一些灯塔，吸引远方的船只来到这儿，让这个码头变得更便于停泊，这不是你的利益所在吗？那建几个免费的灯塔，又有什么问题呢？

给大家讲个趣闻。我曾经问过一个油轮公司的人："如果我是一个大土豪，这艘油轮上所有船舱的票我全买了，我就一个人坐着一艘油轮在公海上玩耍，可以不可以？"

那个油轮公司的人说可以是可以，但是价格得上浮。我说："为什么？按照票面价格我全买了还不行吗？"他说："不行。因为油轮公司的收入一共分三块：第一块是船票；第二块是油轮靠岸之后，岸上的一些旅游项目是收费的，再卖票给你，这又是一笔收入；另外，船上还有一些酒、餐饮、香烟、手表、香水等免税的商品，这也是一笔收入。这三笔收入基本上是1∶1∶1的比例，你一个人上船的话，剩下两份收入油轮公司都没有了，所以肯定不能按照原来的价格卖给你船票，否则整体收入会受损。"

同理，当一盘生意的经营范围越来越大的时候，企业已经有内在的动因去调整不同收费区段之间的收费策略。所以，免费的公共基础设施在民营企业的生意当中，其实也是可以出现的。

市场有的是办法

说实话,随着经济变得越来越发达,整个企业经营的思路越来越宽广,各个经济领域之间的连接越来越丰富,这种可能性就越来越多。比如说广告。广告可是现代商业社会的一个重大发明,仅仅靠广告,就可以把很多原来没法收费的事情变成一盘大生意。

举个例子,你说经营厕所挣钱吗?肯定是很难挣钱的,因为城市里厕所的分布那么分散,而定价刚性又很强,甚至有很强的外部性。一个人都快拉裤裆里了,你好意思不让人上厕所吗?人家如果没带零钱,怎么办?这就给经营厕所的企业带来很大的难题,所以在一般人的观念当中,建厕所一定是政府来干。

但是在德国,就有一家很奇葩的企业,叫瓦尔公司。瓦尔公司就跟政府说,你把厕所包给我吧,我承诺免费。要知道,当时德国政府是算过一笔账的,如果把厕所包给民营企业,即使收每个上厕所的人0.5欧元,一年光在柏林这一座城市,这家企业就要赔100万欧元。可是瓦尔公司居然敢吹这个牛,说自己敢接,而且承诺免费。政府自然顺水推舟,说你去干吧,我看你怎么干。

怎么干?用广告的方法干。人家瓦尔公司把柏林的很多厕所外墙变成了广告墙，香奈儿、苹果、诺基亚这些高大上的公司都在这儿做广告，样子还很好看。

另外，因为德国人上厕所的时候有阅读的习惯，所以瓦尔公司干脆把厕所的手纸上都印上了广告，拿这个都能卖出钱来，简直把厕所事业吃干榨尽了。

总而言之，瓦尔公司在德国的五个重要城市，居然靠这种广告收入，每年盈利3000万欧元。价值就通过这样的方式转移了。

可见，民营企业通过市场手段来建设公共基础设施，并且是免费开放的，这件事是成立的。

那除了广告呢？你放心，商人有的是办法，一边去建免费的公共基础设施，一边还把钱挣了。比如说，把公共基础设施的冠名权给拍卖了。再比如说，把像灯塔这样的设施改造成旅游景点，在山东的日照、福建的鼓浪屿，灯塔就是景点，不也可以把钱收回来吗？所以市场有的是办法，空间远比我们想象的要大。

免费的福利，其实背后都有成本

我们再回到科斯老先生的主张，回到真实世界的经济学上来。一天，我们的策划人陈新杰先生给我看了一本著名的经济学教科书——曼昆先生写的《经济学原理》，上面有这样一段话。

大意是，美国7月4日国庆日这天，美国很多小镇上的居民都要看烟花。曼昆就算了一笔账，说这烟花一定得政府来放。我们假设每个小镇居民看烟花的费用是10美元，如果这个小镇有500个居民的话，这不就有5000美元了吗？而政府只要花1000美元就可以把烟花给放了，等于赚了每个居民8美元，所以这事得政府来做。

这件事在黑板上推演是很好算的，可是真实世界中，经济真的是这样在运行吗？至少我个人的体验就不是这样。比如说，我在三亚亚龙湾的海滩上，看见一个小伙子向姑娘求婚（也许是表白），人家就掏了五万元钱在那儿放烟花，亚龙湾的所有游客都看得见，都可以祝福他们这段爱情，那又何尝不可呢？政府担心的"搭便车"的情况，至少在这个情景里是不存在的，这就叫真实世界的经济学。

如果放烟花这件事可以按照曼昆先生这样来算，那政府就可以收一切税了。比如说，政府说，我们在小镇门口塑一个维纳斯雕像好不好？我们在广场中间搞一个喷泉好不好？你们的眼睛看到了好的东西，你们都受益了，我们就要收税。如果这个推导成立的话，政府就可以无止境地收税，无止境地创造那些也许你并不需要的福利。

讲到这儿，我们就得提到经济学中的一个结论：**好像是免费的福利，其实背后都有成本。**

你会说，灯塔或者厕所这都是无关紧要的事，那么，那些天然应该由政府来操办的事，市场还有没有介入的空间呢？比如说监狱，这总不能由私人老板来办吧？

那你还真错了，美国现在8%的犯人，也就是有13万名犯人，真的就住在私人老板办的监狱里。当然，这有一个历史原因，20世纪70年代和80年代，美国的两任总统，一个是尼克松，强力打击毒品犯罪；另一个是里根，大力打击非法移民。这就导致美国的监狱里面犯人爆棚，床位不够用了，整个管理措施也跟不上了，政府经费也不够用了。怎么办？美国便尝试引入市场机制，开始允许私人办监狱。效果怎么样？几十年运行下来，还不错。

我们用数字说话，比如说建造一所监狱，私营企业通常只需要5000万美元。如果政府来干，没6700万美元打底不行。从时间上来讲，私人老板只需要一年到一年半的时间；政府来建的话，为了防止各种跑冒滴漏，所以监管得要严一点儿，建一所监狱的平均时间是四年到五年。

从看管犯人的成本上来看，私人监狱至少要节省10%～30%，那效果如何？还有两组数字，一组是每10万个犯人的自杀率，私人监狱里面是30人，而政府主办的监狱里面是48人。另外一组数字，就是管教的结果——犯人放出去后，一年内重新犯罪，又二进宫，这样的比例是多少？私人监狱是17%，而政府主办的监狱是34%，整整高了一倍。

所以在美国近几十年的实践中，发现私人完全可以介入监狱这样一个天经地义由政府来做的领域，这没有什么奇怪的。

救还是不救？这是一个问题

你可能又会问，那些紧急救助服务，比如消防队能不能由私人来办呢？这就要说到2010年发生在美国的一则新闻。美国田纳西州有一个县叫奥拜恩县，这个县的公民做了一个决定，把政府的很多设施、服务砍掉，这样就可以少交点税，比如说消防队。如果失火怎么办？相邻的南富尔顿县有消防队，我们给他们交点钱，万一有火灾，让他们来救。

这样一个安排本身无可厚非，但是2010年，当地有个叫吉尼的人家里失火了，他抓起电话就打给南富尔顿县的消防队，说赶紧来救火。人家说没问题，10分钟就到。但是紧接着电话又拨回来了，问他有没有交每年75美元的火灾保险。吉尼说："没有啊，你们赶紧来救火，救完火多少钱咱好商量。"人家说那可不成，没有交保险是不救的，"啪"就把电话给撂了。

吉尼正在抓狂的时候，一看南富尔顿县的消防车来了，以为是人家发了善心。没想到，让人感觉极其纠结，而且在道德上引发激烈争论的一个场景发生了——消防队的车到了之后，不是去救吉尼家的火，而是救吉尼的邻居。因为邻居一看这边失火了，就赶紧给消防队打电话，消防队一查底册，这个人交消防保险了，赶紧派消防车到他们家来救火。所以，只见消防队员拿着消防水管对着一所没有着火的房子在那儿滋水，而生生看着旁边烈火熊熊的吉尼一家烧为一片废墟。

当时，在美国舆论界就掀起了两股风暴，一派严厉地批评消防队的做法：我们是有文明底线的国家好不好？为了75美元，你们就见火不救，好意思吗？这是一个道德上的沦落。

而另一派的意见是：吉尼这种人在美国社会太多了，他们平时就习惯了白吃白喝，至少是蹭吃蹭喝。平时让他交钱他不交，一旦遇到这种突发状况，他们又搬出道德大旗来说事。这种人不惩罚，以后谁还买火灾保险呢？

最终也没有结论，但你不觉得这两派意见都有它的道理吗？

中国第一支私人消防队

你不要以为这样的事情只会出现在万恶的资本主义国家美国，中国其实也有一个范例。

这就得说到1999年的时候，吉林省的公主岭市下面有一个镇，叫范家屯镇。范家屯的人口并不多，12万人。政府的消防设施其实是布不到这种镇级单位的，所以就出现了一个聪明人，这个人叫孙国华。他一算觉得这事干得，就带着自己的两个兄弟凑了将近50万元钱，买了四辆水罐消防车，招了十几个消防队员，把这盘生意给干起来了。这可不是政府的消防队，是地地道道的民营公司。

孙国华算的账也很简单，我们这个范家屯镇一共12万人，一个人一年给我交一元钱，不多吧？就12万元。然后还有一些政府机构、一些厂，他们再多交点，这样一年大概能收到20万元。维持这个消防队的日常开支，大概成本是14万元，这样兄弟几个一年还能挣上6万元钱。你看，这个账算得挺好吧？

刚开始的时候，政府也比较支持，既然政府无力承担办消防队的成本，那民营公司来干也挺好，就帮他收这一块钱。

可想而知，不可能足额地收上来，但经过政府官员们的吆喝，一年大概能收上10万元钱，所以刚开始消防队虽然赔钱，但是赔得并不多。

但是，到了2000年左右，政府，尤其是乡村的基层政府，开始禁止对农民进行乱摊派、乱收费。一块两块的，说多不多，但是它毕竟也属于政府正常税收之外的摊派费用。政府便拱拱手说："孙国华，这钱我们没法帮您收了，您自个儿想招吧。"

所以，孙国华就多了一项任务——跟各个村签一份防火协议，你们村每户交一块钱，我来给你们提供消防服务。但是没有了政府背书，这钱收起来就困难了，孙国华这个消防队经营得就十分艰难了。

话说到了2005年，出了这么一档子事：范家屯这个镇下面有一个叫作尖山子村的村子失火了，大家就给公主岭市的消防队打电话。对方说，我们的消防车到你们那儿至少一个小时，黄花菜都凉了，范家屯有一个民营的消防队，赶紧去找他们。

结果电话就打到了孙国华那儿。孙国华一看缴费记录，说你们村这火我不能救，因为按户数来算，我今年应该收你们村3700元钱，但是你们只肯交1000元钱，这生意做不成，我已经把钱退给你们了。既然退了钱，那我跟你们没这份儿交情，这火我不救。

这跟前面讲的美国吉尼一家的情况是不是一模一样？这件事同样引发了各种各样的争议。报纸上说，你是干消防队的好不好？你跟大夫一样，病人在你们家门口，你就活活看着他死？你良心何在？

消防队这个案例跟前面讲的监狱、灯塔有个区别，它其中叠加了一个道德因素。当然，孙国华也有他的道理，因为对他来讲，这是一盘生意，他陷入一个困境：如果你不交钱，遇到火灾我也救，那大家就都不交钱了，那些原来交钱的村子也不会交了。总不能说，你们家失火了，我去救的时候，咱们先讨价还价一番，因为要烧掉的东西值两万元钱，所以你得给我一万元，那不就显得更不近人情了吗？如果不能提前把这个钱收了，现场再去讨价还价，那引发的道德争议恐怕会更激烈。这是孙国华这方面的道理。

当然，也有人从另外一个角度来看，说消防队这种事如果让民营企业来办，会引发道德风险，他们会不会自己去纵火啊？我觉得这样想的人就有点不讲理，明明靠救火就能够挣钱，他干吗要冒着犯重罪的风险去纵火呢？所以这种道德指责虽然会永远存在，但是我们要听到另外一派来自市场发出来的声音，听听他们的道理。

最现实的解决方法何在

现在，我们先把道德搁置起来，谈谈解决办法。如果遇到这种情况，我们该怎么办？很多人上嘴唇一碰下嘴唇，说办法还不简单？政府收了老百姓那么多税，救火这种事，政府不干谁干？

道理是对的，但问题是，你觉得这现实吗？中国每年的火灾有60%发生在乡村，或者村镇一级。可是中国90%的村镇一级，是没有消防设施的。消防队主要集中在城市，至少也是一个县城或者是比较繁华的镇子。农村发生火灾怎么办呢？让政府给每个村建一个消防队？那这笔开支可就海了去了，所以这是不可行的。

有的时候我们看经济学，往往要把道德搁置，就看最现实的解决方案是什么。如果民营企业的介入可以部分地解决问题，为什么不能允许它按照市场的规律来运行呢？至少它可以作为政府力量的一种补充，在市场上存在。

我们回过头来看吉林省的农民企业家孙国华先生，他的思路到底如何呢？一个人一年只需要交一元钱，就可以享受全年的救火服务，好便宜。虽然这只是一个农民企业家的草根创造，可是不得了，其中暗含了人类几百年来解决类似问题的一个基本思维,那就是保险思维。

虽然孙国华先生不敢说自己办的是保险公司,因为那玩意儿需要国家批的牌照,但是它实质上就是啊。保险有两个天大的好处:第一,它把一个巨大的风险分摊给每一个人,每一个人只要交很少的钱,就可以享受到很好的服务;第二,它把那个可以产生巨大的伦理难题的商业交易的场景给弱化了。比如说,你们家房子着火了,你再叫救火队来,临时谈判救火的价格,这可能更不近人情,所以把交费这个机制前置,在你们家还没有着火的时候,咱俩心平气和地把价格谈下来。这是一种商业上的智慧。

保险公司已经演化为一种金融手段

提到火灾保险,最早发明它的是英国人,因为英国伦敦发达得比较早,房子造得又比较密,曾经有一场大火把半个城都烧掉了。英国的商人就想,我们可不可以办一家这样的保险公司,你们平时给我交钱,我给你们发个牌子挂在家门口或者商铺门口,一旦失火,我们保险公司办的救火队就去给你救火?所以你看,最早的消防队是没有政府什么事的,它就是市场自发成立的一支力量。

后来,随着英国人的足迹遍及全球,这套方法就传到了美国,传到了世界各地。中国最早的火灾保险公司,1866年成立于香港，它就是英国人带来的一种思维方式，在中国近代城市化的保险和火灾救助机制里，起到了很多作用。

但是，现代化的保险可就不是这么简单了。它不仅仅是把一个巨大的风险给大家平摊了，其实已经演化成了一种金融手段。像著名的投资大佬巴菲特，你知道他那家伯克希尔·哈撒韦公司的底子是什么？可不是什么风险投资基金，正是一家保险公司。巴菲特为什么投资的生意能做那么大？因为手头有钱。钱是哪儿来的？大家交的保险费嘛。

所以，现在的保险公司已经不仅仅是靠风险的红利在挣钱了，它们往往愿意把保费压低，而扩大承保的范围，目的只有一个：你们都给我交钱，这个风险我来背，我把这个钱收上来之后，再拿到其他投资渠道把利润给挣回来。

你看，商业的力量不仅可以就地解决问题，而且可以着眼于各种各样的产业、整个市场和人类的全球化交易来解决问题。所以有时候，在政府手里是一个大难题，但是商人用逐利的动机和其本能，也许在道德上我们给予的评价并不高，但是却可以促使问题得到更好的解决。

说这些，并不是宣扬市场万能论。

无政府主义肯定是扯淡，市场万能论也站不住脚，我的主张非常简单，就是在那些看似天经地义应该归政府管的领域，我们能不能用一个相对开放的姿态，让市场的力量、让民营企业的力量来试一试呢？因为在过去的几百年里，人类在这个方面有很多成功的案例。

就拿中国来说，中国现在的政府是比较强大的，起到的作用也是有目共睹的。但是，即使是在中国这样的国家，市场力量开始介入那些政府原来统管的领域，也是一个既成事实。

举一个例子，你说维护社会治安是谁的责任呢？按道理来讲，肯定是政府的责任，应该由警察来管嘛。改革开放伊始，中国政府就已经意识到这个问题了。我记得当年看新闻，说是1984年深圳有一个面对外商的引资洽谈会，有一个外商就问："我到你们中国来有没有保安呢？"那个时候，中国人没有听过保安这个职业，有事找警察叔叔。所以，我方代表就说："我们有警察，可以保护你的安全。"人家外商说："在我们那个国家，出事了警察才出现，你搞个警察陪着我，这客户还不得吓跑了？我需要的是专业的保安。"

于是，当时的深圳政府就派人跑到香港去学习，一看这个地方各种各样的保安公司遍地都是。原来维护社会秩序这件事也可以用市场的力量来做啊，所以内地最早的保安公司就成立于深圳。那是1984年，也就是30多年前的事情。

根据最新的统计数字，现在中国有3万多家保安公司，有400多万从业人员，而且涉及很多高、精、尖的领域，比如银行、钞票押运。很多保安公司甚至得到国家允许的佩枪权，还解决了很多退伍军人和退休警察的就业问题，这不挺好吗？现在就算是像鸟巢、水立方举办的各种活动，甚至是奥运会这种大型的赛事和典礼性的活动，也会在民间的保安公司中进行招标。

这跟古时候那个自由市场发育出来的镖局，不是有异曲同工之妙吗？民间的力量一直在保护我们千家万户的安全，城市里面稍微上点档次的小区，聘几个保安不也很正常吗？为什么政府原来划定的势力范围，就不能让民营企业进入呢？

漠视市场的力量，是要吃亏的

再举一个例子，国家主持社会正义的那些所在，比如说法院，可不可以引入市场的力量呢？乍听此言，你可能会觉得匪夷所思，总不能两个有钱人当着法官的面竞相拍钱来决定谁有理吧？对。但是在中国现存的法律制度当中，有一个领域就是用市场机制来发挥作用的，它就是仲裁。

很多合同的最后一条里，往往有这样一句话："因履行合同所发生的或与本合同有关的一切争议，双方应通过友好协商解决，如果通过协商不能达成协议时，则应提交仲裁机构仲裁。"

仲裁机构可不是国家办的，它理论上是一个民间机构，至少它只是一个事业单位。如果企业和员工之间或者两个企业之间，发生了合同上的纠纷，大家可以有两个选择：一是到法院打官司，首先费钱、费时、费力，其次商业秘密无法保守；二是到仲裁机构，这些忧虑就都没有了，双方选择一个都能接受的仲裁机构、一个都能接受的仲裁员，然后仲裁员的裁决就是一审终局，他的裁决结果是国家和法院也承认有法律效力的。所以，这是一个非常省成本、让双方都免去很多烦恼的解决方法。

市场和国家不像我们有些人想的那样，是完全敌对的两种势力，要么国进民退，要么民进国退。在人类几百年的社会政治经济实践中，这两种力量的关系千姿百态，彼此渗透，彼此合作，也彼此博弈，形成了各种各样的解决方案。对所有的解决方案，我们都应该采取一种相对开放的态度。

更何况，人类社会在往前走，各种各样的技术在出现，各种各样的市场机制在发育，商人的智慧也在往前走。我们怎么知道，他们二者能跳出多么美妙的双人舞呢？

我们从来不主张市场是万能的，但是人类社会已经给了我们很多这样的教训，那就是：**漠视市场的力量，是要吃亏的。**

第二章

创业去

01 | 微革命：躺倒也能当英雄

从技术爆炸开始说起

我多次推荐过一套名为"三体"的科幻小说，里面讲了一个概念，叫宇宙社会学。宇宙社会学提出了一个很简单的法则：宇宙中的两个文明一旦得知对方的存在，就会立即动用所有可能的手段把它干掉。

为什么？因为宇宙空间太广袤了，距离太长了，在路上耗费的时间太多了。比如说相距10万光年（这在宇宙当中是很小的距离），可是就算你用光速飞行器过去，也要10万年，谁知道这10万年间会发生什么？最可能会发生的事，就是对方发生了技术爆炸。

看看我们人类，好像发展得很艰难，可是大家想一想，人类文明从几乎没有技术，发展成今天这个样子，不过才300年。

300年在我们看来叫发展，站在宇宙的尺度上看，可不就是爆炸吗？

所以科幻小说里的宇宙社会学就认为，即使我发现你远不如我，差我好多个档次，但是没准儿在我去搞掉你的路上，你就发生了技术爆炸，然后就比我强大了。

今天，我们就借用"技术爆炸"这个概念，来看看个人崛起的机会。

个人崛起的优势1：惊人的发展速度

那些大组织一直想的就是怎么制约小家伙们的发展。我还记得马云讲过一句话："我就是打着望远镜也找不到对手。"你要揣摩马云的心态，他不是骄傲地认为自己天下无敌，他想说的是，他一直在用望远镜找竞争对手，即使他们很小，可能出现在地平线的远端，但他也不能放松警惕。

有些行当里发生技术爆炸的可能性太高。老大一眼没看住，一个小家伙就发展起来了，很可能就再也没有机会把他干掉了。

互联网行当里是不是就是这样？Facebook几年前还是一个小作坊、一个车库企业，"砰"的一下就变成了一个世界帝国。这种事情经常发生，所以老大们在这个社交网络上处境艰难，而个人、小企业的机会如此丰富，让老大们防不胜防。

举几个比较近的例子。煎饼果子是北方城市的一种早点，一张饼，摊个鸡蛋，里面装点油条或者薄脆，然后卷起来就可以直接吃。现在有人开了一家快餐店，名字叫"黄太吉"，主打产品就是煎饼果子，你知道估值多少吗？4000万元。

另外一家餐饮企业叫"雕爷牛腩"，从起心动念到开张迎客，还不到一年时间，现在的估值是4个亿！

最典型的是小米手机了。2010年公司成立，2011年才推出第一款手机，但是到了2013年，这个公司已经是一个价值100亿元的公司了。在传统的工业社会里，你至少要做上10年、20年，才能堆得出一个值100亿元的公司，但是人家两三年就做成了。从2013年上半年的数据来看，小米公司在年末达到营收300个亿是没有问题的。这就叫爆炸，这就是爆炸式速度。

这也是为什么快速发展的行业里，会有超越底线的竞争，因为恐惧攫取了所有老大们的心。

个人的机会就这样来了，但如果仅仅是小家伙依靠速度带球突破防线，这并不可怕，因为在传统的商业社会里，老大们还是很容易封堵你、收购你、给你制造困难，或者等你变大，遇到问题时再把你封杀掉，所以，这里就需要互联网时代的第二个优势了。

个人崛起的优势2：大规模吸附资源的能力

在互联网时代，个人除了有速度上的优势，还有迅速地聚集资源的优势。

在传统社会里就是这样，小公司就算能崛起，被大公司封杀的可能性还是很大的。大公司可以收购你，或者调动一切资源扼杀你。但是在互联网时代，一旦形成单点突破之后，资源向它汇集的速度会比传统社会要快得多。

我们再举个小米的例子。小米刚开始做手机的时候，在大家眼里，什么小米啊，不就是山寨机嘛。于是，雷军到处摔手机给人看，来宣传手机的质量。但还是有人说："不就是便宜货嘛。"大家根本不买账，也没人相信。

虽然雷军的创始团队里面也有手机界大牛，比如曾在摩托罗拉做出"明"系列手机的周光平，但就因为当时的小米是小公司、是创业公司，所以就算有他们，还是连高端的液晶屏都买不到。后来日本发生大地震，夏普受地震的影响，没有人找他们要货。这个时候，雷军带着他的团队去了日本，拉了日本兄弟一把，小米才买到了高端的液晶屏。

刚开始创业的时候难免艰难，可是一旦做成之后就完全不一样了。郭台铭后来说："当年太傻了，我们唯一的错判就是小米。"所以原来心高气傲的富士康，现在也开始与小米合作了。

事成之后，大规模吸附资源的能力，是互联网时代的另一特征。2011年8月16日，小米发售第一款手机的当天，售票进场，现场居然来了几千人，甚至有传说是上万人。这不就把大规模的资源给吸附过来了？

很多人在质疑我们《罗辑思维》的盈利模式，问我将来怎么挣钱。今天，我不妨把这个话题跟大家剥开来谈一谈。其实我只关注一件事情，就是怎样做出一个有价值的东西，并且让价值观相同、气味相投的人能够看到，只要有足够多气味相投的人看到，怎么挣钱的事根本不用我操心。

比方说，我们刚开始做出点样子了，有道云笔记就来找我们合作。对方觉得，我们价值观合拍，都是想网罗一帮爱读书、爱智求真、人格健全、追求进步的好青年，于是就开始合作。虽然钱不多，但是毕竟有了第一笔生意。

随着《罗辑思维》发展得越来越快，我们的这杆旗竖得越来越高，怎么挣钱根本就不用想。全世界的商家，只要他们认可我们的价值观，他们就会挖空心思地想怎么跟《罗辑思维》合作，让我们挣到钱。

在传统社会里，你不仅要做出好产品，还得想办法把它推销出去。于是，每个大公司都得有一个产品部门、一个营销市场部门。可是在互联网时代，你只要做出一个东西，把旗一竖，下面所有的资源自动会来到你的旗下，围绕在你的周围，形成更大的阵势，形成大家多赢的局面。这就是互联网时代的精彩之处。

个人崛起的优势3：机会越来越多

互联网时代更精彩的，就是我下面要说的第三点：你没什么可怕的。

很多人都会发愁：假如我到了组织外，第一个月的工资从哪儿来？你有这个担心我能理解，但是互联网时代和传统时代最大的区别就在于：传统社会就是一座金字塔，你不仅要不停地往上爬，还要时刻担心着自己会不会掉下去；互联网时代像竹林，这棵竹子一旦失手，你稍微一伸手，就能够到另外一棵竹子。互联网时代，每个人面对的机会越来越多，风险越来越小。

举个例子，北京北大附中有一个学生叫季逸超，他研制出一款手机应用，叫"猛犸浏览器"。这个浏览器后来声名鹊起，甚至有人推荐它作为iPhone的预装应用。

很多人对季逸超说："你既不收费，又不做广告，而且还没有推广经费，怎么跟那些大公司的浏览器比啊，你这个有戏吗？"但是客观地说，有戏没戏有那么重要吗？

这个孩子靠这款个人作品，在国际上得了一个大奖。OK！到此为止，他已经成为明星了，在这个行当里无人不知、无人不晓，每个人都知道他的能量所在，这辈子有的是人去接他的盘。

在传统社会里，我们经常要判断一件事靠谱不靠谱，但在现代社会里，没必要这么想，不靠谱又何妨？只要你在做这件事的过程中，所体现出来的力量、呈现出来的精神，以及方方面面你能整合的资源，让所有人看到了，你就获得了够到另外一棵竹子的资本。即使事情本身失败了，你的后半生也自然会有人接盘。

所以，在互联网时代，如果你心里想的还是安全或者不安全，那你真的没有理解这个世界的精髓。说了这么多，其实我只想表达一个意思：小人物在这个时代，凭借自己的单点突破，可以拥有很多机会。

可是怎么把握这个机会呢？这是另一个问题了。针对这个问题，《微革命》可以给你答案。正好这本书的作者我也认识，叫金错刀，他是一位在微创新方面建树众多的理论家。

此前谈创新，基本上是两个路数：第一个就是大规模的全面创新，第二个就是小修小补的全面改进。可是微创新讲的不是这些，它强调的是聚焦于某一点的创新，通过在单点上实施突破来获得成功。微创新其实是互联网时代上帝赐予人间的一个全新的礼物，一个和过去完全不一样的创新概念。

为了教你如何以个人的身份来把握机会，我和金老师通过一下午的交谈，总结出个人微创新的两种身法和两种心法。

微创新身法之一：转身

第一种身法叫转身，从哪儿转到哪儿？从实转到虚，从传统的产品经济转到现在的体验经济。

为什么个人微创新一定要针对体验经济呢？因为如果玩产品经济，你在产品的性能、数量或公司的规模上是比不过大公司的，那就是鸡蛋碰石头。体验世界就不一样了，体验世界有两个特征。

第一个特征就是取之不尽,无边无沿。

比方说日本汽车当年为什么能杀进美国汽车市场?它凭的就是一个杯托的设计。现在的汽车上都有杯托,这就是日本人发明的。你说这东西有多少高科技?没有,但是它在体验世界中特别重要。想象一下,你一个人开车的时候,停车买了一杯热乎乎的咖啡,上车之后一口喝不完,放在副驾驶位上又怕洒了。这时候,如果你的车里有一个地方能把它稳住,是不是很方便?这对于福特、克莱斯勒那些大公司来讲根本算不上技术,但是从体验的角度来看,却是对车内空间的体贴运用。日本汽车当年就是靠这么一个小小的杯托,杀进了美国市场。这就是一个典型的微创新案例。

网上有个段子。男人和女人谈恋爱的时候,"若她涉世未深,你就带她阅尽人间繁华;若她心已沧桑,你就带她去坐旋转木马"。女对男版是,"若他情窦初开,你就宽衣解带;若他已阅人无数,你就炉边灶台"。你看,只要他是人,不管这个人处于哪种状态,你都可以找到他体验当中最稀缺的那一点。

有部电影叫《北京遇上西雅图》,我觉得最精彩的一句影评就是:"女主角先遇到一个包养她的大款,然后遇到一个愿意每天给她跑几里路买油条和豆浆的人,她就会爱上后一个男人。可是如果她原来的老公屁本事没有,也挣不到钱,只会每天给她去买油条豆浆,这个时候突然遇到一个大款,给她一堆名牌的包包,那爱情的结局就会发生改变。"这个结论好像很残酷，但这就是人性。人性就是不知足，人性就是在追寻各种各样全新的体验。这也是体验经济给大家带来的机会。

体验经济还有第二个特征，那就是全新的体验创新是问不出来的。这是老大们搞不定，而小家伙们容易发现的。那些大公司、大组织，有的是钱找市场调研公司做调研，来调查市场上的新需求。可是，当你往体验经济里越走越深，就会发现大公司那一套玩不转了。没有汽车的时候，大家都想要一辆更快的马车，没有人知道要用汽车；乔布斯不发明iPhone，谁知道自己想要一台iPhone？

真正的需求不要看他怎么说，所以，金错刀有一句话："需求这个事儿，不要听他的嘴，要看他的腿，他说什么不重要，往哪儿跑才重要。"

我在电视界的时候，遇到一个特别有趣的事。原来统计电视的收视率，用的是日记卡法，就是给每个样本户发一个小本，你看了什么电视节目就记下来，然后电视台收集起来，以此统计电视栏目的收视率。后来技术进步了，就改用收视记录仪统计，就是在你家电视机上安一个东西，然后它自动反馈给后台数据。可是这两种统计方法得到的结论截然相反，为什么？因为很多观众在填记录卡的时候，他总想：那些名牌栏目，比如《经济半小时》《对话》《新闻调查》都应该看，于是他就写上了，但实际上没看。更换了调查方法之后，很多名牌栏目的收视率就突然下降了。这就证明了：不要信他的嘴，要看他的腿。

可是大公司哪有这种七窍玲珑心呢？它靠的是它的体量庞大、肉大身沉，靠的是它充足的市场调查费用。可是再多的市场调查费用也很难搞清楚，什么是人们心里真正的需求。

这就是我们讲的个人微创新的第一种身法：转身。不要跟大家伙们去拼产品经济，一定要进入体验经济。

微创新身法之二：立定

下面说第二个身法：立定。转身之后立定，而不要去跑步。

传统经济的玩法都是跑步，尽可能地跑马圈地，占的范围越大越好。可是在个人崛起的时代，我们与其去把握更多的机会，还不如立定下来，在一个固定点上成长，这才是真正的身法。

网上有一个女孩叫"细腿大羽"，她原来是做金融的，后来觉得在银行干没意思，就辞职了。她爱好摄影，同时又喜欢孩子，她就冒出一个念头：我可不可以干儿童摄影呢？

当然可以，但这块市场上有的是大鳄，有些虽然不是几百个亿的大企业，但是人家至少有个影棚，有后期制作人员。可是"细腿大羽"什么都没有，于是，她就用了所谓的立定术，就站在自己的基础上，开发全新的模式。

她的模式是什么？上门拍。比如说孩子5点钟醒，她4点钟就到你们家，摆好照相机，面对着孩子。从孩子睁眼的一瞬间，她就开始拍，然后记录这一整天的活动。

我们来给她算一算，她这样能挣多少钱。我听说这样拍摄一天的报价是五六千块钱，我们按一天5000元算，一个月不用多干，干10天，一个月5万元，一年五六十万元，也还是可以的。你说一年挣五六十万元太少了，可是你想，我在我们的《罗辑思维》的平台上这么一介绍，人家的市场又大了，名气也大了。没准儿几个月之后，人家报价1万元钱一天了。那她一年就不是五六十万元的收益了，而是100万元的收益，这个价格甚至还有可能往上涨。

还有一个女孩叫"林糊糊"，真名叫林曦，是画画的。她的水平虽然和老先生们的没法比，但是也画得不错。于是，她在淘宝上开了个小店，专门为新兴的中产阶级家庭画家族肖像画。虽说这项服务不需要多高的画技，但是她开发出了一个全新的市场。后来，我在网上还看到，有很多画家圈子里的老家伙指责她画得不好，这个那个的。可是，这就是新时代的玩法啊。每一个人都可以利用互联网，找到自己立定、成长的路径，老家伙们是挡不住的。

还有个人叫"小伍"。他搞了一个"三室两厅"工作室，给"细腿大羽"和"林糊糊"做经纪人，从她们的收入中抽取10%或者15%。这又是一个很好的生意，没准儿将来还会有更多提供新兴体验服务的个人，投到他的门下。

什么叫立定？就是马云所说的"小而美"。一个人没有必要挣多少多少钱，即使在北京这样的大城市，如果你不用买房，而且还有一份正式工作的话，一年是花不掉多少钱的（当然，这是在不买奢侈品的情况下）。

当你没有那些私心杂念、贪念的时候，你对物质的需求其实并不多，这个时候你反而获得了自由，获得了一个让个人价值持续增长的空间。

在传统社会，我们经常讲的是做大做强，总希望跟着组织把事业做大。可是在互联网时代，也许我们立定，在自己所擅长的那个领域成长，并拥有合适规模的客户，就可以拥有自由且富足的一生。

你找到立定的地方了吗？

微创新心法之一：呻吟

说完了个人微创新需要的两种身法，接下来还要说两条心法。

第一条心法：把大喊变成呻吟。大喊就是要尽可能多地让全世界人都知道你在干什么，而呻吟，就是身边的人能收到你的信息即可。

脑白金刚开始做宣传的时候，就满世界喊："今年爹妈不收礼，收礼就收脑白金。"人家"细腿大羽"只要在微博上一互动，就可以挣到钱了。所以说在这个时代，三两好友胜过一台电视在手。

不过，当初"细腿大羽"也不是天纵英才，早就知道自己要这么干,她也是试出来的。"细腿大羽"有一个朋友,在新浪微博上叫"樱桃与细毛",是个妈妈达人,在一个妈妈圈内小有名气。因为她们是朋友,"细腿大羽"有时就给她家孩子拍。一来二去,"樱桃与细毛"就开始在网上替她扬名。渐渐地,这种生意模式被这个圈层接受,进而又被大众接受。

所以,我们现在可以不通过传统的大众传媒来做推广,而是依靠身边随时发生的人际传播,构建一个圈层,以此形成自己的品牌影响力。这种影响力一旦爆炸开来,它的力量是不可小视的。

比如说,我们前面提到的小米手机就有它的圈层。我告诉大家一个数字,大家可能会很惊讶,小米手机的论坛是中国第四大电商网站,这个论坛每天都有几十万的UV(网站独立访客),它的发帖量到现在为止已经超过了4个亿。正是因为有这一堆人围着一件事嘟嘟囔囔,彼此呻吟,互相传达各自的感受,才壮大了小米这个品牌,至少维持了小米在微创新市场上的胜利。

在这个时代,关键你要有朋友,而不是有喇叭。

微创新心法之二:躺倒

第二个心法,就是躺倒。姜文说:"得站着把钱挣了。"没错,站着挣钱是一种风格。可是要搞个人微创新,躺倒也是一种风格。

要想实现个人创业，你就要接天地之精华，吸日月之灵气。就像道家打坐的姿态"五心朝天"，即两个手掌心、两个脚心、一个头顶心，都要冲着天。

我们个人创业，得随时感受这个市场正在进行的微小变化，整个行业的竞争者正在做怎样的变动。这种对整个环境中精微信号的接收能力，决定了你能走多远。

中国著名的互联网产品经理、"微信之父"张小龙，在2006年的时候讲过一个原则："做产品经理，要学会一千、一百、十。""一千"就是每个月，在微博、QQ空间里面和谈论对应行业的人互动1000次，包括为人家的行业微博点个赞。"一百"是指你得看100篇重要的分析文章。"十"是要跟你的客户、消费者、用户互动10次，最好是做深度的访谈。你只要每个月都按这个原则做，要不了多长时间，你就是这个行业资深的从业者了，就能接到这个行业的地气。那些大公司要花大笔的银子去探查的市场信息，我们坐在家中，用一台笔记本电脑就搞定了，这就是互联网给我们的福祉。

学会躺倒这个心法，更重要的原因是：躺倒是一种放松的姿势，这样更容易被激发创业激情。我跟年轻人交流创业这个话题的时候，他们经常问我："应该选择哪一行进行创业？"我说："那得根据你的兴趣，行行业业都可以啊。"他们又问："没有兴趣怎么办啊？"我说："这就难办了。"

这是中国一代人的问题，他们从小被教育体制压抑，被剥夺了兴趣，除了好好读书，什么都不擅长。当他们长大了之后，一填兴趣都写什么音乐、电影、读书。这哪儿是兴趣啊，兴趣得是自己用爱、用恨、用大量的情感投入去钻研的东西。很多人有的只是一颗追求利禄的心，这个时候要再想去创业就很难了。

兴趣怎么培养？没有别的办法，只能被激发，所以你要以放松的姿态面对世界，让更多的信息去激发你。没准儿哪一天，你就碰到了命中注定的兴趣。这其实也是一个互联网时代带来的机会。

工业化时代，用庞大的知识体系，让每一个人进入了一个细碎的分工的角落，让那么多人挤挤插插地生活在一个都市群落当中，每一个人都被迫变得扁平化。可是工业化时代过去了，在互联网时代，人的兴趣、素质正变得越来越重要，而原先那些地理位置、组织当中的位置变得越来越不重要了。

这是一个全新的机会。

转身、立定、呻吟、躺下就是互联网时代个人崛起的方法。

02 | 发现你的太平洋

发现新大陆堪称一次伟大的创业

　　太平洋躺在地球上已经很多很多年了，不存在是谁发现的问题，但从人类历史的角度，特别是从欧洲人的视角来看，地球上的每一个角落都是近几百年才卷入全球化的进程中的。

　　15世纪之前，欧洲人根本不知道太平洋的存在。当时，欧洲各国的航海思路有所不同。葡萄牙人选择向东航行，绕过非洲西海岸，经好望角进入印度洋，之后到达印度与中国，打通了海上商路。而西班牙人选择往西，之后发现了美洲，但由于美洲在地理上北濒北冰洋，南与南极洲隔德雷克海峡相望，使之最终无法到达太平洋，因而对急于开通到印度与中国的商路的欧洲人来说，作用不大。在大航海时代，发现美洲之后，人们紧接着又发现了太平洋，这堪称一次伟大的创业。

据说大航海时代的航海家心里都有三个词,即Gold(地下的金子)、God(天上的上帝)、Glory(心中的光荣和梦想)。其实后两个"G"着实有点荒唐:一个是God,好像此举是出于宗教目的;另一个是Glory,即光荣与梦想。

很多创业者都在说什么梦想,其实都是忽悠人,真正的创业者只需要感受到一件东西即可,就是对金钱赤裸裸的、无法扼制且愿终身伴随的欲望。中国当前很多创业者的心态都是如此。

不断地抛弃存量,去寻找全新的栖息地

对于创业者而言,怀揣对于金子的梦想无可厚非,但仅有这点贪婪是远远不够的,创业路上还需要一些别的品质,下面我将用发现太平洋的三个人的故事来加以说明。

第一个人叫巴尔沃亚(1475—1519),其品质就是不断地抛弃存量,去寻找没有涉足的增量。他出生在西班牙一个没落的贵族家庭,为了逃债登上了去美洲的船队,实则到了今天的海地。他发现海地根本没有金子,仅有玉米、菠萝和烟草等,而他自己又没钱返回故里,只好留下来老老实实地种地。1510年,一个名叫恩西索的西班牙殖民者来到了这里,他很有钱,而且是一个水平很高的法学家,梦想着在南美洲开辟一片殖民

地来实现自己设计的那套社会制度。巴尔沃亚再次抛弃存量寻找增量，躲在一只装食品的木箱里登上了恩西索的船，来到巴拿马。在征服巴拿马的过程中，巴尔沃亚渐渐取代了恩西索，成为大家的统帅，并幻想成为当地的总督，因此撵走了国王派来的新总督。但出于对国王的惩罚的畏惧，他开始了人生中第三次寻找增量——与当地一位老酋长结盟，借助其力量四处征伐。之后在1513年，他组织了一支将近200人的远征队，顺着巴拿马一路往西，发现了太平洋，这是欧洲人第一次用自己的眼睛看见地球上最大的这片水面。

这个故事让我琢磨起一个词——增量。巴尔沃亚一生不跟存量较劲，按照哥伦布新开拓的人类的新视野，找到了自己人生的新大陆。他这种增量思维，确实可以给我们今天所有的创业者一个启发。创业也是这么一回事。

美国《连线》（*Wired*）杂志的创始主编凯文·凯利说过："所有让大佬感觉到胆战心惊的创新都是边缘创新，都是大佬们没有注意到，或者现在刚刚出现的那些新大陆。"

真正有出息、有远大前途、值得我们佩服的创业者，都有一个共同的特征，即有增量思维，他们永远是在新疆界、新边缘上找自己全新的栖息地。

这是关于太平洋的第一个故事，下一个故事我们要说到麦哲伦（1480—1521），是他带领大家真正踏入了这片水域。

麦哲伦的创业史

麦哲伦出身贫寒，家庭很是破落，父亲不仅酗酒，亡后还留下一身赌债，所以麦哲伦从10岁起就被送到王宫里当王后的侍童。后来他从了军，顺着葡萄牙人开辟的商路，绕过好望角，进入印度洋。战争中，他残掉了一条腿。

1513年，他向葡萄牙国王毛遂自荐，想率船绕经非洲好望角，用更近的航路到达亚洲，但国王并未同意。于是，他去了西班牙，来到了塞维利亚港，通过迎娶塞维利亚要塞司令的女儿站稳脚跟，并取得了当地大主教胡安·德·方塞卡的支持，被其介绍给当时的西班牙国王查理一世。

1519年，麦哲伦被查理一世封为海军上将，得到大船5艘及近300个船员。他沿着南美洲大陆的东岸往南走，以寻找一条直通太平洋的水道为目标。一路都要跟团队的疲劳、厌倦、恐惧去作斗争的他，把那种获得别人喜爱、跟随和信任的能力发挥到了极致。

什么叫创业？创业就是在漫无边际的市场资源当中，以创业者的心态和努力，去寻找一种全新的组合方式。为什么说沿途获取帮助非常重要呢？它会使你将整合资源的成本变得最低。那些做生意成功的老板往往其貌不扬，往往都是看上去很老实、很平庸的一些人，比如马云，大家愿意去帮助他。

判断一个人成功与否，永远别看他是否拥有很多钱，有钱只是成功的结果。在过程中，随着年龄段的不同，成功的标准是不一样的。

20岁的时候，有人愿意带你，有一个师傅觉得你不错，并愿意把他一身的本事传给你，这就叫成功；30岁的时候有人愿意用你，把什么事都放心地交到你手上，这就叫成功；40岁时，有人愿意替你吹嘘，把你的价值抬高到超越你真实的那个价值水平，然后借你的势，这就叫成功；50岁的时候，桃李满天下，有徒子、徒孙供你为祖师爷，这就叫成功。

所以，创业的成功只能证明你获取帮助的能力，这在麦哲伦的故事中体现得尤为明显。

库克船长的创业故事

最后，咱们聊一聊南太平洋和它的海岛是怎么走进人类文明进程的。这就要说到英国人库克船长（1728—1779）的创业故事。

英国人加入到大航海竞争的时间较晚，当时所有的市场已经被瓜分完毕，美洲被西班牙人占领了，而葡萄牙人占据了通往东方的航路上所有的要塞，荷兰人垄断了海上物流。

但英国人最擅长临门一脚，即把别人开创出来的事情变得非常之完善。此外，他们还擅长设计制度，会用一套科学、缜密的思维谋篇布局，寻找新的增量和点滴的改善。比如说，我们今天的出租车管理制度与足球比赛制度，都是当年英国人的发明。

库克船长出身相对较好，从军之后很快成了一名优秀的皇家海军士兵，后来还当上了将军。

1768年，库克开始了第一次远航，他沿着当年麦哲伦的路线，从欧洲绕过南美洲南端的合恩角进入太平洋，贴着南边，发现了今天的斐济一带，然后绕行好望角回到英国。

4年之后的1772年，他又从好望角往南，经斐济、新西兰、大溪地，之后顺着南美洲回到欧洲。1776年，也就是美国签署《独立宣言》那一年，库克第三次远航，这次他又顺着第一次的路线绕行南美洲，途中路过夏威夷，探访考察了北冰洋之后，又回到夏威夷补给，最后死在了那里。

这就是库克最著名的三次大航海。

回到本次我们讨论的主题——创业上来，有很多创业者，都是用库克船长这个思维找到自己全新的领地的。如沈南鹏、季琦当年做如家经济型连锁酒店用的就是这套思维，还有这两年刚上市的去哪儿网等，用的也是库克式的科学思维。

创业的四个逻辑

关于创业的整个的思路，这就算梳理了一遍。想必大家已经看出，整个太平洋的发现历史无非以下四条：第一，坚决认可并承认以及直面自己内心对于金钱的渴望；第二，学习巴尔沃亚，不跟存量较劲，而去寻找人生的增量；第三，学习麦哲伦，沿途获取最需要的帮助，用最低的成本去整合全新的资源，然后像兔子一样去找寻到最近的可以吃到的草；第四，学习库克船长，总结前人的经验，试图提炼出科学的规律，然后外推出去，探寻新的增量。

以上就是创业的逻辑。创业是一件非常凶险的事情，没有任何道理能够保证你的成功。最后，我还想介绍一下上述三个人的结局：巴尔沃亚被继任者给杀了，因为他不靠谱；麦哲伦在菲律宾的宿务岛被土著杀死，家败人亡；库克船长死得最惨，尸体被大卸八块，甚至被吃掉。

所以，对创业者来说，即使他为人类历史的进程做出了非常大的贡献，他生前也不一定会收获他的光荣与梦想。

创业者的宿命就是面对无穷无尽的不确定性，到最后也许仍然一无所得。但是，几百年的历史烟尘过后，我们再回头来看这些人，不管他们当时为什么出发，不管他们带着什么样的道德水平，过程中用了什么手段，他们都值得我们尊敬。

在历史上，他们终于收获了Glory——光荣和梦想。这就是创业者真正唯一确定能够拿到手的东西。

03 | 疯狂的投资

人类社会的贫富差距会越来越大

我们先从一本书讲起，这本书叫《21世纪资本论》。它在美国出版之后，两个星期就卖掉了5万册。5万册是什么概念？《罗辑思维》在卖《战天京》时，一个星期卖掉了5万册。

但这两本书没法比，在当时美国那么萧条的出版市场上，一本将近700页的严肃的学术著作，居然能够卖得这么好，已经是一个奇迹。估计绝大部分人是没有耐心看完它的，我要不是为了做节目，连翻都懒得翻它。

为什么这本书卖得这么好？因为有一个左派的大神、诺贝尔经济学奖获得者保罗·克鲁格曼在《纽约时报》上连发3篇评论力挺这本书，将之称为"本年度最重要的经济学著作，甚或将是这个10年最重要的一本书"。这本书的作者是一个法国经济学家，叫托马斯·皮凯蒂。

这本书得出了几个重要的结论。最重要的一个就是：如果自由市场经济再这么发展下去，那么人类社会的贫富差距会越来越大。

这个论调并不新鲜，19世纪就有几个左派大神在提，关键是结论，就是怎么办。皮凯蒂的办法就是征税，在全球范围内对高净资产人群和资本高额征税。每年征收的费用，最低0.1%，最高10%。也就是说，你有多少财富，就应该相应地缴纳多少税。

如果你是一个高收入的人，比如说，你通过炒股一年挣了三四百万元，那么你的年收入就达到了50万美元以上。对不起，你这样的人就算是恶棍，要对你征收80%的惩罚性个人所得税。

实事求是，这些数字我在这本书里没查到，我是看到有些文章讲皮凯蒂有这样一个观点。

这不就是上了梁山劫富济贫吗？富人有钱，我们看不惯，那就去抢，把他们的钱给分了。这样的观点，在已经进行市场经济实验30多年的中国，我觉得它不该有市场。

与此同时，皮凯蒂提出了一个非常严肃的问题：富人的钱到底是怎么来的？来得正当不正当？我们该不该把有钱人绳之以法，把他们的钱给分掉？

这就暴露出我的真实目的了。我重点给大家推荐一本书——《疯狂的投资》。书里讲了一个非常精彩的故事。读完这个故事，我们基本上就可以搞清楚现代财富的源头了。

电报就是维多利亚时代的互联网

《疯狂的投资》这本书的副书名叫作：跨越大西洋电缆的商业传奇。大西洋里的电缆是什么电缆？电报电缆。为什么电报电缆对于商业史这么重要呢？这就是人类文明的一个通则：只要信息传播方式发生一次大飞跃，人类的整个文明方式就一定会发生一次大改变。

比如说，凭什么说一个部落进入了文明社会？一定是因为它有了文字。文字本身仅仅是一个信息传播的工具，但是有了它之后，人类代际之间的文明状态、知识就可以传承了。就像司马迁讲的，他写《史记》是要藏之名山、传之后世的，如果没有文字，每一代人都必须重新摸索，文明就不可能延续。

第二次大的突破，就是印刷术。它意味着信息传播可以冲破空间的阻隔，迅速抵达远方。

电报实际上是第三次大突破。它意味着信息传播击破了时间的障碍，原来需要通过马和人一站一站送的信息，现在通过电报瞬间可达，而且是全球范围内。这一次大突破的意义可以说怎么强调都不过分，所以现在有人说电报就是维多利亚时代的互联网。

电报是美国人莫尔斯于1844年发明的，他顺便又发明了莫尔斯电码。到了1846年，美国人就已经开始铺设电报线路了，那个时候还比较短，全美国只有40英里（1英里≈1.609公里）的电报线路。

但是一个大烟花很快就被放上天了，仅仅两年之后，1848年美国人已经有了2000英里的电报线路。又过了四年，1852年的时候有多少呢？23000英里。这跟今天的互联网投资是一样疯狂的，几年就翻了10倍，而且根据现在我们看到的资料记载，1852年美国人尚在筹划、修建的电报线路还有一万英里。所以，美国是世界上第一个把电报线路铺满了全国的国家，密如蛛网。

这方面欧洲人的反应速度就相对比较慢，比如说法国人。英国人在这方面倒比较领先，1850年就铺通了跨越英吉利海峡、从英国到欧洲大陆的电报线路。

当时就有人说俏皮话，说这是自从上一个冰河期之后，英国距离欧洲大陆最近的一次。可见当时的人们非常清晰地知道，电报所带来的划时代意义。

跨越大西洋电缆的商业传奇

话说就在这几年前后，加拿大东北角的纽芬兰岛上，有一个神父就在琢磨一件事——从爱尔兰到纽芬兰（就是北大西洋的最北部了），在这两个地方跨越大西洋的航船的日期，要比从伦敦到纽约提前一天。那能不能在纽芬兰岛上设一个电报站，从纽芬兰岛直接铺一条电报线路到纽约呢？这样如果有从欧洲来的消息，直接送到这个地方，然后拍个电报到纽约，就会比航船到达纽约快一天，不就获得了信息的先机吗？

当时确实也有一些企业家迅速行动起来，开始搞这个工程，但是他们没有料到这个工程的难度这么大。纽芬兰岛到处是森林，包括冻土带，想要挖开地面非常之困难。他们好不容易组织了一个公司，结果工程还没干到十分之一，钱就花完了。

这个项目的操盘人自然是满心的挫折感和沮丧，同时还有几分不甘。他就跑到纽约，想看看有没有人接盘他这一盘烂尾的生意。他运气还算不错，真就找到了这么一位，这个人叫菲尔德——也是《疯狂的投资》这本书里的主人公。

菲尔德是什么人呢？他的祖上在美国建国之前，就从英格兰漂洋过海移民到了美国，所以他就是一个典型的WASP（WASP这个词是White Anglo-Saxon Protestant的简称，意为新教徒的盎格鲁撒克逊裔美国人，现在可以泛指信奉新教的欧裔美国人）。WASP因为他们的宗教信仰和独特的文化渊源，特别强调自我奋斗、努力挣钱，信仰纯洁，各尽本分。这是那个时代美国价值坚定的信条，也是今天美国的共和党所信奉的。

菲尔德的基因确实不错，他的几个兄弟都混得特别好，但是生意做得最大的还是菲尔德。他做什么生意呢？主要是造纸、印刷，30岁就功成名就，一年可以挣到几万美元了。那个时候美元可值钱了，不像现在贬值得这么厉害。

他混在美国的上流社会，觉得挣钱太容易了，生活太没意思了，所以整天用非常幽怨的眼光看着这个世界。

这个时候，他突然听到有这么一盘烂尾生意，就想接盘。他跟这个操盘人一席长谈过后说："你们这想法也太没出息了吧？从加拿大的纽芬兰岛修一条电报线路到纽约，只为抢出一天时间，这个想法不够酷嘛。要是我干，就直接从纽芬兰岛那个电报站，修一条海底电缆，直达爱尔兰，从爱尔兰再接到英国本土，直接把美国和欧洲给连起来！"

这个想法在当时太疯狂了，因为实在是太难了。第一个难处，大西洋海底的地形是没有人了解的，甚至没有人知道北大西洋到底有多深。虽然1850年的时候，从英国到法国跨越英吉利海峡的海底电缆已经铺成，但是英吉利海峡才多深？平均深度60米，最深的地方也不过172米。而北大西洋到底有多深呢？我们现在知道是3000米到4000米深，可是当时的人并不知道，尤其不知道海底的地形是什么样的，所以到底需要多少电缆，其实是无法预估的。

第二个难处，当时虽然已有海底电缆，但是都非常短，从30千米到60千米不等，因为只需要从英国铺到欧洲大陆，比如爱尔兰、撒丁岛、科西嘉岛，甚至埃及都有了跨越红海的海底电缆，但问题是都很短。现在要铺的这条线路可是要跨越北大西洋的，即使选取最短的路线，从加拿大的纽芬兰岛到爱尔兰也有4000千米。这么长的电缆，得是一整根，而且要装载在船上，有没有那么大的船呢？其实大家也不知道。

第三个难处是真正的大难题，也是这个项目在技术上最迷茫的一点。我们都知道，电通过电缆之后会有电阻，即使用铜芯电缆电阻很小，但是当它累积到4000千米之后，电阻能够有多大，没有人知道。说白了，大西洋这头的发电机一个电流下去，它带的信息在大西洋那一头能否有所反应，没有人能确定，菲尔德当然更不知道。

其他细如牛毛的问题就更多了，比如说铺电缆的时候，松紧度该如何？有没有一种机械能够把握好这种度？因为铺得太紧容易断，铺得太松又存在电缆总量无法计算的问题。这些都是大难题。

创业者都是乐观的疯子

你说菲尔德就没想过这些问题吗？这就牵扯到创新者或者说很牛的资本家都有的一个基本的心态特征：乐观。

几年前，我参加过一个论坛，很多企业家都在讲，现在环境不好，宏观经济形势很差，企业不好做，反正是各种悲观。然后，主持人就说："你们刚才说的都很悲观，但是我发现你们都在投资，都在把真金白银变成厂房、机器、基础设施，能说你们真的是悲观吗？"

我曾看过台湾主持人陈文茜采访企业家潘石屹的一档节目。陈文茜问潘石屹："你为什么要把女儿送到美国去留学？是不是证明你对中国没信心？"

潘石屹就各种解释，说有信心。陈文茜就一直不信，最后把潘石屹逼急了，他说："我这几年在黄浦江沿岸（也就是上海）已经投了几十个亿的房产，你说我对中国有没有信心？"

所以，我们听企业家讲话，不能光听字面意思，还要观察他的行为，如果他还在继续投资，说明他打心底里有一个清晰的判断，这就叫作乐观。

我们普通人平时不大容易嫉妒那些明星，因为我们服，人家天生有资本、有禀赋，脸蛋长得漂亮。他们挣大钱，我们不嫉妒，可是却会觉得资本家挣大钱不应该，那是社会不公的产物。要知道，资本家也有禀赋，是什么？就是我们刚才所讲的乐观的气质。

在基因生成的那一刻，就已经决定了这个人是悲观的性格还是乐观的性格。有的人看什么都漆黑一片，有的人就觉得到处是机会，值得把自己赌上去赌一把。

除了乐观，从《疯狂的投资》这本书里，我们还可以看到企业家的其他特质。

这个发生在160年前的传奇商业故事的主人公菲尔德很符合我们今天讲的一个词，叫"有钱任性"。他看见一个商业机会，也不管它有没有依据，反正就是乐观，就马上全身心扑上去。

所以，他头一天刚刚萌发了想法，第二天就寄了两封信出去。第一封信是给电报的发明人莫尔斯，说你帮我看看这件事靠谱不靠谱。莫尔斯一看说："我哪儿知道啊？但是我可以告诉你一件事，你把这件事办成了，就能名垂史册。"这话跟没说一样。

第二封信是给美国当时的一个海军上尉，叫莫里。莫里的回信就有点干货了，说："我们美国海军刚刚搞了一次北大西洋海底的勘测，发现从纽芬兰到爱尔兰，也就是你选择的这一片地域，海底恰恰是一片高原，而且这个地方的洋流非常稳定，所以这是一个天造地设的铺设海底电缆的好地方。"

虽然没有更多的信息，但是毕竟算是给了点信心。你看，任何一个创业者、一个企业家，他要想干成一件旷古绝伦的大事，通常都是此前没人干过的。这个菲尔德原来干的是造纸、印刷，什么远洋贸易、轮船、电，这些事碰都没碰过。这个时候，企业家整合资源的能力，就看得出来了。

他需要什么样的资源呢？一般来说，创业项目就是两条：第一条是人，第二条是钱。在人的这方面，从他马上给人写信就可以看得出来，因为他不懂，他就得求教人。

在最后，菲尔德成立的那个公司，叫纽约纽芬兰伦敦电报公司，这么长的一个名，这个公司里面可真是什么人才都有，从远洋船主到远洋商人，到海军军官，到工程师，包括普通干活的工人。

菲尔德甚至有本事请动了当时世界上著名的物理学家——开尔文男爵，这个人号称是物理学的全才。我们上中学的时候，在物理学当中都学过开尔文定律，就是这个人发现的。开尔文当然是一个全才，后来在很多方面，甚至是工程机械方面，都对菲尔德进行了大量的帮助。

所以你看，一个企业家求助的能力有多重要。包括钱，钱这个事情，菲尔德本来是不缺的，要不然他也没有信心干这件事情，但是他万万没想到，这件事太烧钱了。

他不是接盘了那个烂尾工程吗？从纽芬兰岛到纽约，把陆地上的这一条线缆铺完之后，菲尔德就发现，自己准备的钱已经花掉了三分之一，海上的工程根本还没动呢。他就知道，自己的钱不够了。

那哪儿有钱呢？欧洲人有钱，所以他就跑到英国的伦敦开始忽悠。有一次见到一个养狗的，他说："你看，你养狗，这个狗现在只能在这儿叫，如果把电报线修成之后，你在伦敦一掐这个狗的尾巴，在纽约那头就能听见狗叫，你说这个事好玩不好玩？"你看，这是一个大忽悠。

他忽悠的成绩非常好，通过到处做演讲、募款，最后有350个伦敦的富豪慷慨解囊，一个人给他掏了1000英镑，这就凑了35万英镑。这在当时是一笔巨款。

好，这个公司就算是有了钱。那剩下来的就是两个问题了，第一个是电缆的问题，因为那么长的电缆，当时的工厂没有人做过。你知道，如果把里面的铜线全部串起来有多长吗？可以绕地球13圈，大概是从地球接到月亮上那么远。

而且这根电缆是要一整根，它不能断好多节，所以必须是船上有一个卷滚机来卷这个电缆，然后从工厂一边生产，一边卷上船。最后生产完了，电缆已经全部在船上了。你看这个工程的系统难度有多大。生产这些电缆大概用了一整年的时间。

那最后还剩一个问题，就是船。民船是没有那么大的，所以一定得求助于国家。这个大忽悠显本事的机会又来了，他开始搞国家公关。当时的英国议院被他说服了，最后提了一个要求：我们出船，再给你1.4万英镑的补助，但是你得答应我两个条件：第一个条件，美国人得提供对等的条件，就是它也得出船，也得提供补贴。第二个条件，电缆一旦铺成，电报传来的信息的所有权上，英国人有优先权。

英国人提的条件还算比较合理，可问题出在美国这一边。从独立战争开始一直到"二战"，美国人的外交路线其实有一个灵魂，就是孤立主义。从华盛顿那一代开始，美国人就想，我们现在好不容易独立了，就在新大陆过自己的安生日子吧，不要去搭理欧洲人那些乱七八糟的事务。

现在一听，要跟英国人合作建海底电缆，这不是又跟欧洲人搞到一起去了吗？很多人就不乐意，当时的美国国会爆发了激烈的争论。这个时候，就能看出菲尔德这个人的游说能力和公关能力了。《疯狂的投资》这本书用了好几页纸写这件事情的细节。最后，美国国会终于以微弱的优势通过了菲尔德的提议，美国政府出钱又出船。

最后商定的结果是：美国海军出一艘很大的船，叫"尼亚加拉号"；英国海军也出一艘很大的船，叫"阿伽门农号"，专门用于这项工程的施工。

有好点子，就要马上行动

说到这儿，我们再提炼一下，一个创业者、一个企业家需要具备的素质。

第一个，是乐观的禀赋。第二个，叫马上行动的能力。

说实话，我还没有创业的时候，也喜欢吹牛，给人当策划。最让我惊讶的一次，就是跟一个企业家吃饭，我就开始吹牛，说我有一个想法，你应该干一件什么事。等饭吃完了，人家结完账说："你刚才那个想法特别好，相关的工商注册，我已经派人去办了，就在我们刚才吃饭的这半个小时中，域名注册已经拿下来了。"我当时就惊呆了，但是回头一想，这可不就是企业家的精神吗？

而大多数人，总是有一堆念头在纠缠。是创业呢，还是继续在这个公司干下去，还是跳个槽呢？天天只是在那儿想。为什么干不成事？想多了，干少了嘛。

给大家举一个例子，这也是一个创业市场上特别著名的故事。讲的是Facebook的创始人扎克伯格，他创业的时候只是哈佛大学的一个普通学生。其实Facebook的整套架构性的设想，根本就不是他的原创。原创者另有其人，是文克莱沃斯兄弟，这兄弟俩家境不错，从小就是富二代。他们有一次见到扎克伯格，就跟他讲了整套想法。扎克伯格说："太精彩了，我们一起干吧?"兄弟俩说:"我们想想。"没有拒绝,也没有答应。但是回到宿舍之后,扎克伯格就开始动手,写代码,请教高人,见投资者。

等他已经热火朝天干起来的时候,文克莱沃斯兄弟在干吗呢?他们在泡酒吧,在喝酒,在准备自己的皮划艇赛,等等。等他们知道一个叫Facebook的东西已经崛起,才慌张失色地跑上门去要钱,于是就打了一场旷日持久的官司。

虽然最后双方和解了,扎克伯格赔了他们几千万美元,但是这点钱跟扎克伯格的成就相比,又算什么呢?

所以,创业者不见得在智力或者说思考能力上异乎常人,他们真正领先的是行动能力。有这么一个说法,全世界同时想到同一个创意的人,可能就有几千人,但是最后谁摘到了果子?是那些最先行动的人。

再回到这本书的主人公菲尔德身上,他有一次在说服英国人的时候,英国人就问他:"你这个电缆如果修到半途断了怎么办?"你看菲尔德怎么说的?他说:"那就再建一条喽。"他始终是用行动而不是用道理去跟人交流。这样的人,就是迈向成功的人。

什么是创业者式的吹牛

菲尔德还有另外一个特质,这也是普遍存在于企业家和创业者身上的，那就是说服别人的能力，获取帮助的能力。

今天的社会中流传着一种言论，就是讨厌吹牛的人。可是我们要知道，一个啥都没有的屌丝创业者，除了去忽悠梦想、忽悠情怀，还能拿什么去聚合人力、聚合那些帮助，尤其是免费的帮助呢？所以，吹牛其实是创业者最重要的一个素质，我们得重新看待"吹牛"这个词。

给大家再举一个例子，大家都知道，飞机是美国人莱特兄弟发明的。莱特兄弟是乡下人，没读过大学，整个团队都在俄亥俄州的乡下，没几个有文化的。

当时，距离发明飞机最近的一个人叫兰利，他在哈佛大学工作过，算是高级知识分子，美国国防部还拨给他五万美元的研发经费，那个时候五万美元是很大一笔钱。这个人在科技界、商界的人脉也非常广，但是最后干成这件事情的不是他，是远在几百英里之外的俄亥俄州的莱特兄弟。

为什么呢？莱特兄弟啥都没有，但是他们有一条，就是见人就说：飞行是一个多么伟大的理想，帮帮我吧，你若加入这个计划，就会如何如何。听起来跟骗子似的，但在1903年的那个冬天，莱特兄弟的飞机先上了天，然后永垂史册。

所以，对于一个没有钱的创业者来说，他吹牛的时候，你作为一个消费者当然可以骂。但是如果你也是一个创业者、一个心怀梦想的人，那请对这样的吹牛者多一些理解吧，因为如果你不吹牛，你也干不成。

你可能会反驳，吹牛的人多讨厌啊。对，如果一个人吹牛的时候，让所有人有很讨厌的感觉，那他就不是创业者式的吹牛，因为他达不到整合更多资源和更多帮助的结果，这就是一场失败的、真正的吹牛。

菲尔德的创业失败史

说到这儿，一个企业家、一个创业者应该具备的素质，我们已经归纳了三条：第一，乐观的禀赋；第二，行动的能力；第三，吹牛，整合资源的本事。那请问，一个企业家还应该具备什么样的素质呢？

我们接着说大西洋电缆商业传奇后半截的故事。到了1857年，可谓是万事俱备，就欠干活了。两艘船都是借来的，一艘装一半电缆，开始往大西洋的深处开去。

刚开始的时候顺顺利利，但是第六天出事了。这一天的深夜，电缆突然崩断，消失在大西洋漆黑一片的海底，真是叫天天不应，叫地地不灵。为什么会断呢？两个原因：第一，操作不熟练；第二，机械太落后。当时，要一边放电缆，一边踩刹车。一旦刹车踩紧了，电缆就容易断。

还记得前面有个英国人问过菲尔德，要是断了怎么办？菲尔德早就讲了，再干一次。可问题是，这次损失真挺惨重的，因为已经走了400英里了，这已经是当时最长的海底电缆了，英法海底电缆才40英里，这条电缆是它的十倍。损失了多少钱？

10万英镑。菲尔德在英国人那儿也不过募到了35万英镑，这一次就损失了将近三分之一。更重要的是，损失了一年的时间，需要重新生产电缆。

没关系，1858年接着来。6月份，两艘船又出发了，不过这次不是按同一条线走，是两艘船到大西洋中心会合，然后向两边分开行驶，这样比较有效率。

刚开了三天，又出事了。这次是天灾，百年不遇的暴风雨来了。大概一个星期后，两艘船才脱险。按说这么大的军舰，应该有抗风暴的能力，可是这两艘船都被改装过，因为要装的电缆太重了，为了装更多的电缆，所以整艘船的配重都进行了改装，它抵御暴风雨的能力自然就下降了。尤其是英国人那艘"阿伽门农号"，被吹得一塌糊涂，不仅船体受损了，电缆也被绞成了一团，很多电缆的绝缘层都被破坏掉了。

这时候，所有人都傻了，怎么办？难道还要接着往前铺吗？这个时候，菲尔德创办的公司——纽约纽芬兰伦敦电报公司的董事会里面就有人坐不住了。他说："我们把剩下的钱分了，把仓库里剩的那点电缆卖了算了，不干了，这事太不靠谱了。"

但是菲尔德这个时候就体现出了一个创业者的精神：凭什么不干？现在，我们库里的电缆还足够再干一回，马上接着干！

6月份出的事，8月份两艘船再次出发。这一次出发，就有点灰溜溜的了。我们中国人讲一鼓作气，再而衰，三而竭，所以当第三次出发的时候，没有什么欢送仪式，没有什么神父祈祷，也没有什么香槟酒，就悄无声息地开始往大西洋里面走去。

这一次终于成功了，双方顺利抵达了欧洲和美洲的陆地。

接下来，当然就是各种庆功仪式了，据当时的旁观者说，菲尔德牛到什么程度？盛大的庆典仪式上，总共三辆车，第一辆由菲尔德乘坐，第二辆车由美国那艘军舰"尼亚加拉号"的舰长坐，第三辆马车上面是谁？美国总统。

紧接着，英国女王给美国总统拍来一份电报，这是人类历史上第一份跨大西洋的电报。英国的报纸都跟疯了似的庆祝，尤其是《泰晤士报》，它发表了一段话。这段话估计美国人不爱听，说这条电报线路铺成之后，《独立宣言》就作废了，几十年前美国人独立了，现在又被一根电缆给拽回来了，从此英国和美国又可以凝结为同一个国家了。英国人把这件事情看得很重，所以英国女王才会自降身份给美国总统拍去一份电报。

可问题来了，电报局的人工作的时候觉得有点不对劲，因为本来一份电报拍过来，很短的时间就能收到，结果这一封电报收了十几个小时。说白了，因为电流非常弱，电文非常不清晰，电报局的翻译猜了十几个小时，才勉强把这份电报向新闻界发布了。

后来，情况越来越不好。在随后的20多天里，从电缆传过来的电流越来越弱，最后压根儿就分不清是什么电流，任何信息也不能承载了。20天之后，这家公司不得不向新闻界宣布：这一次我们又失败了。

这时候，轮到美国人民不高兴了，这不是忽悠人吗？刚刚搞过庆典，现在你告诉我失败了，这不就是个骗局吗？当时，美国新闻界甚至有人说，什么英国女王拍来的电报，压根儿就没有，这也是骗局。不过这也真没准儿，因为第一份电报本来就是猜出来的。

不管怎么讲，一条海底电缆已经铺成，但是它就是不起作用，你说咋整？

菲尔德的财富大喷发

后来，这条电缆铺成了吗？铺成了，不过已经是八年之后的事情了，1866年才铺成。怎么花了这么长的时间呢？你算算那日子，从1858年到1866年，可不就是美国南北战争那段时间吗？美国政府要集中全部精力去打仗，哪还有心思干这件事？

菲尔德在这期间又干了三回，两次失败，最后一次才成功，说明他依然有强大的能力去游说美国政府帮他的忙。其中很多细节都在这本书里，我们这儿就不细说了。

等到1866年铺成的那一天，菲尔德扑在甲板上一顿通哭，太不容易了。他曾经给他的朋友写信说，就在这个夏天，他光火车就坐了几千英里，轮船坐了几千英里，连渔船都坐了100英里，容易吗？

在这个过程当中，菲尔德总共横渡大西洋31次。要知道，那个时代横渡大西洋还是要冒生命风险的，他居然冒了31次之多。因为他没办法，他已经把自己搞得山穷水尽了，他的钱基本花完了，濒临破产。如果第六次海底电缆还是铺不成，他就有可能成为商业史上的一个疯子，作为一个笑话被载入史册。

为什么他最后能干成呢？其实也有一点点运气的成分，因为就在这七八年间，人类的电学技术突飞猛进，发电机的功率越来越大，仪器越来越精密，而且还有贵人相助。

前文讲到的英国的院士开尔文男爵是著名的全能物理学家，他不仅搞物理学研究，还给菲尔德帮了很多忙，做了大量技术上的改进。比如说，第一次电缆崩断，是因为刹车系统不好，开尔文男爵就帮他做了改进。第二次失败是因为绝缘层被破坏掉了，开尔文男爵又帮他改进了电缆的绝缘层。

这么多人的帮助，才偶然造就了1866年菲尔德的成功。成功之后发生了什么？就像现在的创业者一样，在纳斯达克敲钟之后，当然就是财富的大喷发了。

当时，从美国拍到欧洲的电报，收费有多高？一个单词10美元，那个时候，10美元相当于一个普通工人一个星期的收入。拍一封电报，动不动就得有10个单词，那就是100美元。所以头两个月，菲尔德每天入账几千美元，一年下来就有了100多万美元的现金流，这在当时是一个不得了的数字。不到三年，前面所有的损失全部都回来了。

这条跨大西洋海底的电缆，一直运营到20世纪，甚至在马可尼发明无线电之后，大家还是觉得通过这个海底电缆发的电报更靠谱，因为它不会受天气、地球大气层磁场的影响，接收到的声音非常清晰。

富人凭什么挣到那么多钱

为什么要讲这个故事？其实就是因为《21世纪资本论》那本书得出来的结论，以及同意那些结论的人的想法。几百年、几千年来，大家都觉得富人的钱都是巧取豪夺来的，所以这个世界要想好，就要把他们干掉，把他们的钱给分了。

熟悉《罗辑思维》的人都知道，我们肯定是不同意这个说法的。所以今天，我们必须借助菲尔德这个故事回答一个问题：富人凭什么挣那么多的钱？

当然，我们指的不是那种贪赃受贿、当"黑社会"老大挣来的钱，我们指的是通过自由的市场经济，用自己的本事经营，在市场中获取的钱。赚到这种钱，通常是因为以下几个原因。

第一，当然就是禀赋。比如说我罗胖，我没有明星的脸蛋，自然挣不到那笔出场费。

第二，人家吃的苦我们没有吃到。我还记得雕爷讲过一句话："什么叫创业？创业就是修行，它的心法就是一口真气不散，不管多难，这口气都不能散。"这种咬紧牙关渡过难关的精神，我们很多人身上都没有，所以我们也得服气。

第三，就是风险。菲尔德这个人冒的风险是非常巨大的，在铺设海底电缆之前，美国人在陆地上铺设电缆的时候，就是一轮疯狂的投资泡沫，这里面多少人血本无归，多少人家败人亡？资本家也是一样。你不要以为只有资本家能判断财富趋势，趋势判断得再好有什么用？很多人都能判断，大家都进来了，最后一竞争，你可能还是挣不到钱。

比如说19世纪50年代的时候，就有一家美国公司，经营的是大陆上的电报。刚开始大家都很看好它，把它的股价炒到了50多美元，最后因为竞争太激烈，所以股价一下子又跌到了2.5美元，很多投资者就此血本无归。

再比如说，有一家公司筹集了66万美元，发愿要在新奥尔良地区建设一条通过密西西比河河底的电缆。这比大西洋电缆要容易铺得多吧？但是一场突如其来的洪水把所有电缆都冲走了，这家公司因此破产。

这样的故事即使是在电报业疯狂成长的年代，也是随时都在发生的。所以，风险是一个由资本家在承受的我们普通人根本不必去承受的东西。

第四条，资本家最终拿到的那笔收入和他创造的财富相比，其实只是很小的一块。这一点，如果没有学过经济学，就很难理解。

经济学上有一个概念，叫"消费者剩余"。其实所有的创新活动都会创造出一块新增的财富，这就是"消费者剩余"。这块财富随着时间的推进，渐渐都会归于消费者，而不是归于资本家。资本家能够获得的，仅仅是一个时间窗口里的一小部分财富。

就拿菲尔德来讲,他虽然铺设了大西洋底的第一条电缆,然后迅速发了财,三年就收回了成本。可问题是,他的好日子也就过了三年,因为三年后法国人就铺了第二条海底电缆。原来一个单词10美元的好生意没得做了,因为有了竞争者,你们俩得打价格战。最后,资本家的利润率,也就是毛利,基本逼近于零。只要有竞争,一定是这样的,他只能被逼着再去创新,才能够再获得超额的利润。

可能还是有一部分觉得:我就是穷,我挣不到钱,所以我看富人挣钱,就是不爽。今天你罗胖把天说下来,说富人挣钱有多少道理,我就是不服。

那好,我们现在就切换到你的角度看,你会发现,你这么想还是错的。为啥?因为穷人生活状况的改善,其实在很大程度上是要依赖于富人的努力的,他们创造更大的社会财富,他们自己才能够分享到其中的一部分。

就拿马云来说,他现在超越李嘉诚成为亚洲首富。可是他坐首富位置的前提,是他要创造大量的就业机会,让大量的淘宝商家有钱可赚,他才可能是那个首富,对吧?

好,那假设现在有人问我们一个问题,让穷人的生活改善十倍,让富人们的财富增加一万倍,这两个结果同时出现,我们要不要呢?反正我要是穷人,我就要,因为每个人算自己的账就可以了。

在《21世纪资本论》那本书里面,其实一直就在讲一个道理,随着自由市场经济的演化,贫富矛盾会变得越来越大。没错,如果贫富矛盾是穷人根本吃不饱饭,啼饥号寒,那这确实是一个不公正的社会。

可是如果穷人的生活也在改善,富人改善得更快,我觉得这不是什么坏的结果。为什么?因为一旦摆脱了匮乏经济之后,实际上我们和富人之间的差别没有想象的那么大。

如果我们穷人也可以开上一辆三万元钱的"QQ",其实也挺好。富人再嘚瑟,不过买一辆几百万元的迈巴赫,他跟我们的差距好像有几百倍,但是两种车都能上高速公路,都能到郊区去野游,其实差距没有那么大了。

所以社会并不会因为表面上的贫富差距而变得不稳定,关键是财富的总量是不是在增加。

这个社会其实很让人讨厌的就是那部分评论家,他们一方面自己没有能力创造财富,另一方面天天骂那些富人或者走在成为富人道路上的人。

就像中国的互联网上,也有一些人号称互联网专家,经常还开班授徒,经常写那些文章——谁谁谁为什么会失败,其实人家也没有失败。这种评论家其实特别可恶。

其实在菲尔德那个时代就有这样的人,比如说,一个著名的文人,也是今天中国很多文艺小青年心目中的偶像——梭罗。

梭罗在他的时代,也就是我们今天讲的这个故事的时代,一直扮演评论家的角色。比如说,美国国内正在搞电报投资,梭罗就说:"凭什么呀?从缅因州到得克萨斯州,这两个农业州,有什么信息可传?为什么一定要搞电报呢?"你看,这是评论家的嘴脸。

再比如说，要铺大西洋海底电缆了，这个梭罗又说："哎呀，铺什么电缆，欧洲的消息有什么要知道的呢？花那么多代价，最后从欧洲传来的新闻，不过是哪个公主又咳嗽了、感冒了，我们为什么要知道这些事呢？"你看，这就是评论家的可恶。

所以今天，面对那些阴阳怪气的评论家，我罗胖特别想用我招牌式的"呸，讨厌"这句话来评价他们。

自打我几年前读到了这本《疯狂的投资》，我就一直把它搁在我的书架上，时不时翻一翻。我觉得在里面可以找到所有创新者用于激励自己的素质，很多细节，菲尔德在160年前就已经给我们做了示范。

如果你是一个创业者，抑或者你希望成为一个创业者，或者你作为一个创业者想激励你的兄弟们，欢迎你来读一读这本书。在这本书里，你能找到相关的企业家的禀赋、素质，以及那些给你启发的细节。

五年内，什么大事都可能干得成，什么奇迹都会发生。疯狂的投资，随时等着你。

第三章

互联网进化论

01 | 和你赛跑的不是人

这是一场空前的人类危机

有一则新闻,说中国今年大学生的就业签约率不足30%。大家就开始分析是什么原因造成的。有人说是经济不景气,有人说是产业结构不合理,有人说是社会太不公平,还有人说是中国教育实在太糟糕,等等。这些分析都有其道理,但是直到我看完《与机器赛跑》这本书,我才觉得,实际情况可能不像表面上看起来这么简单。

在我们短短的一生中,不仅会受到周边环境的影响,可能人类底层发展的一些趋势,也在推动我们人生的变革和转折。这些转折有可能是好的,也有可能是空前糟糕的,比如说失业。

我们在谈论中国大学生失业问题的时候,忘了这是一个遍及全球的现象，而不是中国特有的现象。

我们都知道，2008年的金融海啸导致大量的就业岗位消失（现在美国人拼命地想把这些就业岗位补回来），一共1200万个岗位。1200万个岗位是什么概念呢？不是说1200万人没有工作，而是有意愿工作的人当中有1200万人没有工作。而美国2013年每个月只能新创造出13万个就业岗位，甚至比这更低。即使在这个基础上翻倍，达到了20万个以上，这个缺口也要到2023年才能补上。而从目前的情况来看，没有任何人有任何理由相信这个缺口会被补上。

今天，我们要说的不是经济学的事，因为《与机器赛跑》这本书告诉我们，这不是一次通常的失业，这是一次可能会给一代人的命运带来巨大转折的空前的人类经济、社会乃至政治领域的危机。

现在这种经济状况，专家们有两种判断。第一种判断是一种普遍的判断，说这是经济周期带来的，有好就有坏，有升就有降。当然，看得深一点儿的人会说，这是因为人类发明了互联网之后，我们一直处于技术爬坡的阶段，这个技术所结出的果子，我们今天摘一个，明天摘一个，摘到现在越来越少，果子甚至变小了，剩下的都是又酸又小的果子，所以现在我们处于一个大萧条的时代。这个观点感觉好深刻。

而《与机器赛跑》这本书的观点恰恰相反，它说根本不是什么技术带来的繁荣和增长停顿的结果，而是技术飞速发展带来的结果。就好像一个房间里突然闯进来一头大象，这头大象横冲直撞，把这个房间里所有的坛坛罐罐打得稀里哗啦。这就是我们这一代人面对的情况。

这头大象是什么？这头大象就是互联网以及以互联网为代表的一系列新技术。它的出现，使我们很多人原来赖以生存、糊口的那些工作突然一下蒸发了、消失了。

很多人对互联网技术其实还是掉以轻心的，比如说，传播学界、传媒学界很多人都在说，别动不动就讲什么老媒体要死，你们干新媒体的人不要老说老东家的坏话。我说传统电视有危机，传统电视要死，那真的是捶胸顿足地在说，因为这不是预言，我是在把我们看到的东西讲给大家听。

当然，很多传播学教授会反驳：当年电视发明的时候，很多人就说电影要死，你看电影死了吗？电视发明的时候，很多人说广播要死，广播死了吗？不是直到今天还硬朗着吗？你们凭什么做出这么草率的判断？

要知道，这一轮可不是什么简单的新技术，这一轮是底层技术革新。互联网是什么？互联网根本就不是什么新媒体，互联网是母媒体，原来的媒体样式都要重新换一个地基，在上面重新运行。所以说，这一轮传统媒体遇到的危机，我们只能用一个中国人才能听得懂的话来描述，叫"强制拆迁，异地重建"。不管你是什么样的传统媒体，你必须把自己的每一根血管、每一块血肉，在互联网这个基础上重新搭建起来，获得重生。所以说，传统媒体如果不去应对互联网这个全新的技术，就会死无葬身之地。

当然，今天我们主要不是讲传媒，我们仍然回到整个经济的产业大势来看。长期以来，人们对于互联网都有一种低估的态势，觉得互联网就是玩闹，你看小孩在网吧玩游戏，发QQ、玩微信，这不就是玩闹吗？对产业能有那么大的影响力？没错，我们今天就从失业这个角度，去看看互联网到底在对我们干了什么，将要对我们干什么。

我们都低估了互联网

话说2004年有两个经济学家，他们当时也意识到互联网、计算机对人类的就业可能会带来一次大冲击，所以趁这个冲击还没有来的时候，先排排座，看看哪些产业会被冲击，哪些产业相对是安全的。

他们觉得从事简单劳动的人可能够呛，比如说写代码、大规模的运算，所有干这些事的人可能够呛，这个就是名单的一部分，这些职业是危险的。

而安全的是什么？他举了一个例子，比如说驾驶。一个人在开车的时候，眼观六路、耳听八方，接触、处理的信息那是海量的，所以开车这种事情互联网暂时是搞不动的。

我们不知道2004年经济学家们说的这个"暂时"是多长久，反正六年之后的2010年，《纽约时报》就报道说，谷歌在官网上已经宣布，他们已经成功地研发出了自动驾驶汽车，这辆自动驾驶汽车在美国的几个州已经跑了十几万英里了，而且过程中只发生了一起交通事故——有人开着车撞了它。这就证明这个东西在技术上已经成熟了，原来我们需要眼观六路、耳听八方才能处理的海量的信息，自动驾驶汽车已经做到了！在汽车上装上各种传感器，增加运算速度，每秒20次探测周围所有移动物体的状态，再反馈到电脑的中枢，以此来控制车体的运行。这就是计算能力，包括网络能力、各种各样的技术能力进步的一个结果，而这个结果从预言不可能实现到真正实现只花了6年时间。

2004年，就在经济学家们做出那个判断的同时，美国还搞了一个无人驾驶汽车拉力赛，全程一共150英里，好多人用自己设计的无人驾驶汽车软件把汽车送去参赛。结果，荣获第一名的汽车只走了八英里，而且还用了好几个小时，剩下的车不是被碰得歪七扭八，就是压根儿没有走完。所以，当时人们长出了一口气：哦，原来人类在驾驶汽车这方面的能力，电脑是无法替代的。可是结果呢？仅仅六年之后的2010年，这一切都实现了，快得让人始料未及。

这事儿就这么完了吗？没完。当无人驾驶汽车真的实现之后，我们可以判断一下，它对人类的就业会有什么影响？司机可能要失业。没错，判断正确。还有呢？我曾经问过一些企业家朋友，我说："给你们出个题目，假设无人驾驶汽车在中国普及，那你说会对整个的汽车产业产生什么样的影响呢？"大家都说："就意味着我没有驾照，我不会开车，我也可以买汽车啊，所以汽车的销量会上涨。"

我说："我的判断可能跟你们正相反，汽车的销量不仅不会上涨，而且汽车作为一个耐用的、高价的消费品，也许会彻底退出消费者的清单。像什么玛莎拉蒂、迈巴赫这种有收藏价值的奢侈品类的汽车不在讨论的范围内，而给普通老百姓代步的那种汽车也许会退出消费者的清单。"

此话怎讲？你想象一下，假设现在满大街都是无人驾驶汽车，我们可以靠互联网来预订，你到哪儿来接我，把我送到哪儿，我在智能手机上下载一个APP，几点几分我要一辆车，到哪儿接我，通过地图把我送到哪儿，然后我下车，车就可以去承接下一个客人了。所以无人驾驶汽车很可能不会增加汽车的拥有量，而是让汽车进入一种共享经济的状态，让它变成一种公用的出租品。

假设我的这个推论是对的，结果会是什么？结果就是现在的汽车产业里面有半壁江山，将会在无人驾驶汽车普及之后整体消失。哪半壁？汽车公司里面搞销售的、搞品牌的、搞市场的、搞客户俱乐部的，一直到所有的营销渠道，如4S店，围绕汽车的其他产业，如汽配、维修、保险等，这么庞大的产业群落都会消失。

如果按照我的推测，你可以每天预订自动驾驶汽车送你上班，之后，它到别的地方去接人。你到了公司发现有个东西忘带了，你老婆正好还在家，你就可以再订一辆无人驾驶汽车，让你老婆下楼把东西搁车里，车来到你公司楼下，你下楼取了，车再跑它的。如果车有问题，车自己回修理厂修，修理厂有可能是在一个密闭的地下防空洞里，也不需要占用街边的店面资源。你说，这对就业市场会是一种多么巨大的冲击？

我们以为互联网的浪潮对就业的冲击是"随风潜入夜，润物细无声"的，相对来说会是比较温柔的一刀，但是现在看来，可能是惊艳的一枪，直接要把这个社会扎出一个血窟窿。所以六七年之前，我们绝对低估了互联网，而且我们现在仍然可能低估了互联网。

你会不会技术性失业

现在人们利用互联网在很多领域开发了一些技术，比如说前面讲的无人驾驶汽车，比如说翻译，再比如说大量的医学技术资料的处理、法律文书的处理等，计算机正在呈现出越来越强悍的对人工的替代能力。

说到这儿，你可能会想，如果真要这样发展下去太可怕了，它能不能被遏止呢？西方有这么一句谚语："如果马能投票的话，汽车就不会诞生。"在汽车诞生之前，仅英国就有200多万匹马，如果马要捍卫自己的工作岗位，投票把汽车废止掉不就完了吗？这个想法可以有，而且每个时代都会有，但是很可惜，永远不会得逞。

马现在到哪儿去了？整个英国现在也没多少了，马已经成了旅游品或者成了宠物，像汽车发明之前那样遍地都是马、一个城市有几十万辆马车这样的社会景象彻底消失了。

我还记得法国19世纪有一个经济学家叫巴斯夏，这个人以幽默著称。有一次，从巴黎到马德里修了一条铁路，波尔多这个地方的议员就跟中央政府反映，说一修这条铁路，我们当地的搬运工人都没饭吃了，我们法国经济不就完蛋了吗？所以我们提议，这条铁路别一次性修到底，咱们在波尔多（就是现在出产葡萄酒那个地方）断一下。这样，我们所有的搬运工人都有饭吃，我们当地的经济就能繁荣起来了，好不好？

巴斯夏听到这个建议之后说："你们的想法太保守了，断一下哪过瘾呢？那就沿途都断好了，每修到一个镇就断一下。看来铁路不是个好东西，剥夺了大家的就业机会，导致经济倒退。"巴斯夏向来喜欢用这种反讽的口吻陈述他的经济学观点。

法国当时推出了一些政策，比如说一看外国的东西太有竞争力了，进口的东西会抢走法国人的工作，就加关税，阻止进口。巴斯夏就说："对呀，我太赞成了。咱们把法国所有的好斧头、大斧头全部都扔了，改成小斧头，最好磨都不磨，是钝的，让人去砍树。原来一个人一天可以砍掉的树，现在得三个人用三天才能砍掉，这样劳动增多了，财富就增多了嘛。"他老用这种方法跟别人逗闷子。

在这种逗闷子和幽默的背后，我们能感受到人类在发展过程中要品尝的苦涩。那就是，随着我们聪明才智的发挥，我们发明了越来越多的新技术,而这些技术在生根、发芽、长大之后的一瞬间就要反扑过来,对人类狠狠地咬上一口,把我们原来赖以存活的那些工作抢走。

20世纪初,著名的经济学家凯恩斯就讲过一句话,他说有一个词现在不太著名,但是未来大家会越来越多地听到这个词,叫"技术性失业"。也就是说,我们人类用聪明才智发明的这些技术,反过来会导致我们失业,这是一个未来会越来越清楚、越来越壮大的趋势。

听着100多年前凯恩斯讲的这句话,我们自己从瓶子里放出了互联网这个比以前所有技术都要强悍无数倍的新魔鬼,引发了全球性的年轻人失业,你不觉得这是一个真正的恐怖故事的开始吗?

技术势必带来灾难性的失业

可能有人会问,你怎么把技术进步的前景描述得如此一团漆黑呢?难道技术进步不是人类经济繁荣的最底层的一个因素吗?没错,但是人类经常犯一个相反的错误——老是低估技术的作用。

比如说,1992年,克林顿政府召集了一帮经济学家来讨论经济问题,可是最后大家在报告里一个字都没有提及互联网。这说明什么?说明我们经常在固有的格局和资源里面想经济发展的问题，所以我们老是忧心忡忡。而我们如果一次又一次地用我们的聪明才智打破既有的资源格局，让资源重新呈现它的版图，就很容易实现经济的繁荣。所以技术肯定会带来繁荣，这无须讨论。

但是，技术又会带来灾难性的失业和经济悲剧。那这两个结论之间不冲突、不矛盾吗？不矛盾，因为我们习惯于使用平均数或者总量来衡量经济的发展，可是社会的稳定、个人的幸福呢？有时候，总量或者平均数这个概念是不足以说明问题的，说明问题的其实是"中位数"这个概念。

什么叫中位数？比如说，我们一屋里有五个人，有有钱的，有没钱的。平均数就是把大家所有的财富加起来除以五；而中位数则是指我们这五个人当中，谁的财富状况正好处于中间值，比他富有和比他穷的人正好相等，那么这个人的财富水平我们就称之为中位数。

综上，经济发展是一个总量和平均的概念，而社会财富分布则是一个中位数的概念，这就造成了我们刚才说的那一堆矛盾。

美国经济在互联网和其他新技术的推动下，在过去十几年间暴增了几万亿美元，可是美国家庭的平均收入水平的中位数，在这段时间是不升反降的。什么原因？就是我们前面分析的原因，因为机器冲进来替代了我们大量的工作。

比方说，那些如雷贯耳的大公司，它们的确创造了巨大的财富，可是它们不招人啊。Facebook是现在炙手可热的互联网公司吧？员工有几千人。Twitter，就是美国的微博，员工有几百人。著名的维基百科的员工，我看到的数字是57个人，里面还有几个是律师。一个个蜚声世界的大公司，就这么点儿就业情况。

我们再说苹果，苹果公司2012年的时候市值全美国第一，它有多少人？美国本土有4万多人，全球员工加起来有6万人。而1960年的时候，美国当时最大的公司是通用汽车公司，它在美国本土有多少人？60万人。换句话说，即使公司规模一样大，现在的公司利用新技术只需要原来的十分之一员工，甚至更少。那么，原来那些人能去哪里呢？当他们失业之后，我们的社会结构又没有为这种新技术闯入之后创造出全新的就业岗位，让这些被挤出来的人有饭吃，那社会的动荡、社会财富分配的不均衡不就是近在眼前的事情吗？

这并不奇怪，人类历史上反复出现过这种场景，当新技术出现的时候，原来产业部门里面的就业人口就会被大量地挤出。比方说1800年，90%的美国人都是农民。可是到了1900年，美国只有41%的人还在田间地头刨生活。又100多年过去了，美国如今只有不到2%的农业就业人口，而且这个数字还在下降。也就是说，200多年的时间里，大部分美国人口都从农业部门里被挤出来了。

可是要知道，在前几轮的技术革新对人的就业岗位的替代中，我们是有时间做出反应的，农业是用了200多年才把人挤出去的。可这次不一样，因为互联网技术太狠了，它挤出就业人口的速度也许会超出我们的想象。

在这里，我们不得不提到一个效应，在《与机器赛跑》这本书里被称为"下半盘效应"。什么意思呢？我们小时候一定都听说过这样一个故事，说国际象棋的发明者发明国际象棋的时候，在棋盘上设置了64个格。国王很高兴，说："你想要什么好东西，我赏给你。"这个发明家说："我一个平头老百姓，能要什么呢？这样吧，您在第一个格里给我一粒米，第二格翻倍，给我两粒米，第三格、第四格依次翻倍，您将这64个格装满，我拿这点儿米回家就行了。"国王心想，这能有多少米啊，来，赏。刚开始一格、两格，没多少。可是到了半盘的时候，国王就觉得不对劲了，因为每次都是翻倍，一倍一倍地增长。当进入到下半盘的时候，即使把全宇宙所有的粮食都给这个人还不够。这就是翻倍的力量、翻倍的厉害。

"下半盘效应"其实还有一个名字，叫"荷塘效应"。夏天的时候，荷叶会铺满荷塘，但是你会发现，它在铺满的前几天才铺了一半，再前几天才铺了四分之一。因为荷叶铺满荷塘也是成倍成倍地增长，所以三四天前你还没觉得有什么，一眨眼的工夫，它已经铺满了，可见翻倍有多厉害。

现在的计算机和互联网技术，恰恰就是一个翻倍的技术。这就要回溯到1965年，当时著名的英特尔公司的创始人摩尔先生提出了摩尔定律。他说，计算机微处理器的速度每隔12个月要翻一倍，后来这个数字被调整为18个月。

但问题是，不只是计算速度翻一倍，你会发现在整个IT领域的所有技术指标都在按照这个速度翻倍。就在过去的几十年里，整个IT系统改进的倍数应该不是几十倍、几百倍，是几千万倍，这也就是10年到20年时间发生的事情，而且这个速度还在加快。

也就是说，也许过去要用200年的时间、用几代人的命运去承担一场失业，然后再重新找到工作这样一个艰难的历程，我们现在用一代人的生命就要全部承担起来。所以，我们这一代人悲催的命运、失业的命运，也许就近在眼前了。

这一轮危机怎么破

《与机器赛跑》这本书的作者也挺有意思的，他说原来没想写这么一本书，想写的是对互联网新技术的讴歌，毫不保留的赞美。但是写的过程中，资料搜集得越多越觉得可怕，因为这一次巨大的技术进步带来的很可能是人类的巨大灾难。没错，这种迷茫感正在笼罩着全球，不仅中国的年轻人，美国、欧洲都一样，年轻人都觉得很迷茫。

比如说占领华尔街运动，这个运动有两个特殊的地方。第一，没有人组织。因为互联网时代，不需要谁带头，都是自由人的自由联合，大家说去啊，然后就到华尔街搭帐篷，在那儿抗议。所以，这是一场通过互联网组织起来的运动。

第二，这个运动没有具体的指责的方向。他们抗议的是谁？抗议的是华尔街，可华尔街是谁？他们在指责那些吃得脑满肠肥的老板,可是他们也知道,这些人是在合法的框架下做着合法的正当生意。你说谁的钱不应该挣?指不出来。你说你抗议什么?不知道。虽然所有人都知道,现在社会非常不公平,经济学家到广场上演讲,说1%的人占据了99%的财富。又如何呢?请问怎么改变?没有人拿得出方案。

所以,这一轮危机,尤其是在失业这个领域造就的危机,和此前的危机有很大的不同,传统的解决方案是解决不了问题的。

传统的解决方案无非是从宏观和微观两个角度来解决。宏观角度,就是说富人太有钱了,别那么心黑,别那么贪婪,拿出一部分给穷人吧。这是过去解决社会不平等,用社会再分配的方式来解决这个问题的通常的方案。但是这一轮会有用吗?要知道整个社会分成两部分。一部分人很有钱、很有成就感,他们是社会的明星,他们为技术进步做出了巨大的贡献,享受着这个时代给他们的一切桂冠和荣誉。另外一部分人,比如失业大军,谈不上穷困潦倒。就算富人愿意把钱拿出来,保障他们吃喝不愁,甚至还有很漂亮的廉租房屋住,但是又如何?"我是一个loser,我是一个失败者,我整天无所事事,我的人生毫无价值可言,我的前景一片灰败。"财富的再分配能够解决这种社会心理的不平衡问题吗?很多时候差距或者说不满,或者说幸福感的缺乏,并不是由于绝对状况无法容忍,往往是对比出来的。隔壁家小亮如何如何,你看人家小红如何如何,而我现在却是这样,所以才受不了。

美国总统富兰克林·罗斯福讲过一句话:"任何一个国

家，不管它多么富裕，都浪费不起人力资源。"什么叫浪费？就是失业，因为失业导致的问题是整个社会的军心涣散，一种非常灰败的社会氛围，而这种氛围恰恰是大规模社会危机的源头。所以说，仅仅从富人兜里掏出钱来给穷人根本解决不了问题，他们无所事事的生活仍然是社会潜在的危机，谁也不知道会爆发成多大的一个危机。

微观角度，解决这种问题的传统方法是，我们每个人都往高处爬，很多传统的工作不是被替代掉了吗？那我们就往高处爬，去做机器做不了的事，我们靠自己的努力去当人上人，这行不行呢？现在看来也不行。为什么？因为这一轮机器对人工的替代是不局限于哪个领域的。你说往高处爬，什么叫高？比方说美国，一个放射科医师大概需要学习十几年，然后他就可以拿到30万美元的高额年薪。可是现在这份工作，基本上被模糊识别的计算机技术替代掉了，而且所花费用是原来的几十分之一乃至几百分之一。

再比如说，美国有一个非常挣钱的职业——律师。美国有一个笑话，说有一个恐怖分子劫持了一架飞机，上面全是律师，他就给美国政府打电话，说你们赶紧拿10亿美元赎金来，否则每隔一个小时我就释放一名律师。可见律师这个职业多有钱，在美国有多招人恨。但是现在又如何？在互联网的冲击下，有一种工具已经可以代替律师去分析各种商业文件。要知道，要打一个大型的商业官司，经常要分析几百万份文件。现在用这种软件来模糊识别，一个律师就可以轻松做好过去五六百名律师才能做到的事情。

有一个案子,讲的是一个公司打官司就花了10万美元,这对于美国的诉讼花费来说,是一个非常小的数字。这个案子分析了150万份文件,而且,人工分析的准确率只有机器的60%。所以说在美国,如果你是一个穷人家的孩子,通过自己的奋斗当上了律师,开始往律师界的山顶去爬,爬到半途仍然会被这个趋势的浪潮给冲下去。

几乎没有什么领域是安全的,那怎么办?如果社会再分配不起作用,如果个人向高处的奋斗也不起作用,那我们怎样抵挡这次浪潮?说实话,《与机器赛跑》这本书的最后一章也讲了一些抵御的方法,但是我看得云里雾里,不知道作者到底想说什么。

下面我想谈谈我的理解,就是怎么破这个局。我整合了我看到的一些周边材料,给各位提出两点建议。

放弃追求地位,转而追求联系

第一点建议,我称之为"放弃追求地位,转而追求联系"。

我们先来熟悉一个概念,叫"莫拉维克悖论"。莫拉维克是美国一个研究人工智能的学者。他发现,人工智能和人类之间的关系真的好奇怪,人类觉得特别难的事,比如说复杂的逻辑推理,对计算机来说就不叫事,10分钟内就能搞定。可是人类觉得简单得都不叫事的事，比如说人脸的模式识别，对于机器来说就很难解决。普通婴儿长到七八个月的时候就会认生了。到了一两岁的时候，他就能爬、能跑了。像把一个人推倒，对他说"你爬起来"这么简单的动作，机器人却不会做，这对一个人类的孩子来说太简单了。复杂的模式识别对于机器人来说，仍然是一个难题。

这就引出了我们的结论，未来你要找工作往哪儿找？不要按照工业社会给我们划定的那个社会金字塔的结构去找，试图爬到更高处，那里也许会被大水冲掉的，比如工程师。

微信后台有人跟我讲了一件事，说他有个侄女考的是理工科，成绩不是很好，家里就逼着她去上一个二本学机械制造。我就跟他说，将来3D打印机一普及，机械制造专业会被淘汰掉的。他说，那学什么呢？我就问他，这个孩子对什么感兴趣？他说就爱吃。我说，那就让她学大厨嘛。他说家里人可能接受不了。大家都觉得厨师好像在社会上地位比较低，这样的工作怎么能让孩子在起跑线上就选择呢？这不叫输在起跑线上吗？

恰恰相反，比如说大厨，尤其是中餐大厨，经常说什么"酱油少许"，这个"少许"就是一个非常复杂的模式识别的工作。再比如说花匠，你看着好像是很低端的工作，但是这么多花草、这么多形状、不同的病变、不同的生长周期，花匠的模式识别是极其复杂的，这恰恰是机器暂时替代不了的。

还有一些工作，就是那些需要与人交流的工作，也是机器替代不了的。比如说有一个机器可以给我们理发，把所有人的头型都理成一样的。这个没问题，就算我审美观粗糙，不挑这个发型，但是我们平常坐在那儿理发，可以跟理发师聊天，他会给我们一些发型上、化妆品上的建议，这是很好的一种感受。而一个机器在你头上弄几个小时，那种感受是很差的。也许在未来很长的一段时间，这种工作是无法让机器替代掉的。

再比如说护士，我刚做完手术，被推到病房里，你弄个机器人在我身上乱摸乱碰，这算什么？我需要的是一个穿护士制服的、长相美丽娟秀的女护士进来对我嘘寒问暖，这样我才会感觉到我的病痛减轻了一点儿。

所以，人和人之间联系的工作，未来恰恰可能是无法被替代掉的，而那些在原来的工业社会当中社会地位比护士要高得多的医生，却很可能要被取代掉。从追求地位到追求连接，这是在未来职场中求生的一条路。

放弃追求效率，转而追求趣味

第二点建议，我称为"放弃追求效率，转而追求趣味"。

这又得说到一个专有名词，叫"幂律"。幂律是什么意思？就是只要一个系统，所有的因素都在追求效率的时候，这个系统就会呈现出一种非常不均衡的分布状态。比如微博为什么会出现大V？就是因为我们所有人都想要跟他联系，当所有人都愿意加他关注的时候，其他新进来的人会觉得，这么多人都关注了他，我为了获得收集信息的最高的效率，也不得不关注他。所以你看，现在微博就呈现出这样一种生态，越大的V，上千万粉丝的大V们，他们的粉丝就会越来越多。而当这个生态固化之后，如果我是一个小人物，没有几个人关注我，就会一直没有人关注我。我在新浪微博上现在有20多万粉丝，想再往上涨那是非常非常困难的，但是像潘石屹、薛蛮子，他们的粉丝涨得就非常快，这就叫幂律。

幂律是人人都在追求效率之后自然形成的一种结果。经济就是这样，为什么一旦出现太平盛世，渐渐地就会出现贫富分化？就会"朱门酒肉臭，路有冻死骨"？就是因为在安定的状态下，当每个人都在追求效率的时候，幂律就会出现，不均衡分布就会出现，这是一个经济学上的铁律，不是哪个富人心黑导致的结果。

而互联网时代让幂律这个历朝历代、古往今来都在起作用，导致社会不公平的魔鬼的作用力更大。100多年前，一个唱歌唱得好的人很受欢迎，无非也就是搞几场全国巡回演唱会，对吧？可是现在，一个歌星一旦爆红，比如说Lady Gaga，她就会成为全球巨星，她的收入就会比稍差她一号的明星多几倍，这就是幂律的作用再一次显灵了。

那怎么对抗幂律？很简单，就是从幂律产生的根源上去铲除它，不追求效率就好了。前不久，我们《罗辑思维》的微信公众平台上有一个小姑娘，她遇到了这样一个烦恼。她是做麻辣烫的，她希望做成中国最著名的麻辣烫品牌，但她家里人不支持。她家人说："你回来吧，我们找关系把你送到银行里去，收入又高，夏天还有空调吹，搞什么麻辣烫啊？"因为家人不理解，所以她跟父母关系闹得很僵。

如果我给这位朋友和她的父母提意见，我也觉得做麻辣烫比去银行上班有前途。为什么？如今满大街都是ATM机，银行底层的柜员们天天在那儿做简单的收付工作，这部分工作很快就要被互联网浪潮淹没，很快就不存在了，连银行所在的金融系统都面临着脱媒等一系列重大的转型危机。

可是麻辣烫这件事就不一样了，麻辣烫跟效率没有关系，它有的就是趣味。无论到哪朝哪代，至少几万年之内爱吃一口麻辣烫的中国人总归是有的。这种跟效率无关，仅仅跟个人口味、个人兴趣、个人的一种特定领域的取向有关的生意，就可以永远做下去。更何况这个姑娘对麻辣烫这么痴迷，可以放弃银行的工作来做麻辣烫，没准儿真的就做成了，咱不说全国第一，做成区域知名的麻辣烫品牌还是很有可能的。你不觉得她这一生将既有荣誉感，也会有社会地位，而且也不缺财富吗？

没错，对付幂律，就是要对付效率，让每一个小群体靠兴趣、价值观、心灵的追求、趣味的表达整合起来，形成一个个小而美的商业形式，这就是那些未来人不会被机器替代的岗位群聚的选择。

其实，我既是在说国家宏观层面的选择，也在说最具体的每一个人的选择。这个急风暴雨般的趋势总是会扑面而来，说一句冷酷的话，总有人会被这个趋势淹没。所以，我们这一代人会迎来财富的海量增长，不会面临冻饿而死的危险，但是人生变得灰败的悲剧，对某些人来讲、对某些无法选择新的机会的人来讲，也许真的是无法避免的。

说到这儿，我想起了王国维先生讲的悲剧的三种类型。他说，这三种类型境界是不一样的。第一种类型，故事里面有一个穷凶极恶的大坏蛋，这种悲剧水平最低。第二种类型，是天命所定，比如说项羽，力拔山兮气盖世，但是无法跟天命抗衡，最后自刎乌江。这还不是最高级的悲剧。

王国维这段话是在他的《红楼梦评论》一书中说的，他说最高级的悲剧就是《红楼梦》这种。《红楼梦》里谁是坏人？谁都不是，没有坏人，甚至没有什么命运的问题，都是普通人、平凡人，甚至都是好人，但是因为这些人在一起创造的格局，导致了一种巨大的悲剧。王国维先生说，这才叫悲剧中的悲剧。

02 | 3D打印有未来吗

3D打印是比互联网更大的事

我小时候听过一个儿童故事，叫《咕咚来了》。一天早晨，湖中忽然传来"咕咚"的一声，整个森林里的小动物们都被搞得很兴奋，但是没有人知道咕咚到底是什么。3D打印就有点像"咕咚"，现在是产业界很关注一个新事物，政府各种扶持，资本界也真金白银地往里扔，媒体也是各种热捧。你要是自以为时髦的话，出门不跟人侃几句3D打印，你都不好意思跟人打招呼。

即使是这样，3D打印在精英阶层内部也是有两种观点的，而且分歧很大，有一派是热捧，另一派认为它根本不重要。

这两派观点，各有它的领军人物和旗帜性的观点。热捧派中，不得不提到克里斯·安德森——大名鼎鼎的美国《连线》

杂志的前主编，互联网界的理论大神。他曾经创造了很多炙手可热的概念，比如说畅销书《长尾理论》《免费：商业的未来》。

2009年，也就是他48岁这一年，他突然做了一个决定，辞去《连线》主编的职位，全身心投入到硬件创业的浪潮中。他与人合伙创办了一家机器人公司"3DRobotics"，并担任CEO。

2012年，他突然又捧出一本书《创客：新工业革命》，预言第三次工业革命的爆发。在这本书中，你可以看到克里斯·安德森本人的学术生涯或者说整个事业生涯的一个大断点、一次大转型。

很多人都问他，说他都五十了，还搞什么大转型呢？克里斯·安德森说："我认为3D打印是一件比互联网更大的事情。"

50岁是很多中国人都在准备退休的时候，而现在居然有人把后半辈子押到这么大的事情上！可见他的判断是非常乐观的。

可是也有人认为3D打印不是什么了不起的事情，其中的代表人物就是富士康的大老板郭台铭先生。郭台铭说："如果3D打印靠谱，我的'郭'字就倒着写。这个东西既不能量产，材料又非常受局限，掉到地上还会被打碎，能比得上我这几万条流水线吗？"

这两种观点我们很难说谁对谁错，因为发出声音的都是精英，他们都是根据自己的历史知识和现实视野做出的判断，都有自己的道理。

所以在这里，我才要给大家梳理一下，到底什么是3D打印，它会给人类的未来带来什么样的改变，以及用何种方式带来改变。

什么是3D打印

我们先来说说什么是3D打印。这个D其实就是英文dimension的首字母，就是维度的意思，二维是平面，三维就是空间。

我们小时候逛庙会的时候，都看到过民间艺人画糖人，拿一个小勺，里面是融化的糖，在石板上飞快地来回浇，画出各种图形，什么小猫、小狗、孙悟空、猪八戒等，这其实就是最古老的3D打印。虽然它是在一个平面上制作而成的，但是在空间里面，它也算凸起了那么一点点，有点三维的意思了。

我们原来的打印指的就是在一个平面（二维）上展开的打印技术，就是在一张白纸上复制各种文字或者图画。而3D打印是在这个基础上，用打印的技术一层一层地堆叠材料，使它成为三维空间中的一个实体。

这个东西的核心就是两部分：第一部分是喷嘴，在前面刺啦刺啦地喷原材料；第二部分是一台计算机，里面有各种各样的数据模型，指挥喷嘴做动作。其实，这就是人类获得实体物品的一种制造方式。

原来的工业社会用的是什么方式呢？现在我们称为"减材制造"，就是把原材料中我们不需要的部分抠掉，然后获得我们需要的物品。这种生产方式的工业母机，就是机床，什么车、钳、刨、铣、磨，通过折弯、切削、钻孔、打磨等技术，得到我们想要的部件，然后把它们组合起来，就变成了一个工业品。

可是3D打印不是这样，它是"增材制造"，是用加法，通过喷各种各样的材料，从零开始一点一点堆出你想要的东西。材料也是五花八门，什么都有，尼龙、树枝、塑料，还有高级的钛金属以及各种生物分子。但是，这有什么神奇的，不就是一种新工艺吗？

没错，我当年刚接触3D打印的时候，也觉得这就是一个挺好玩的新工艺。它最大的好处，就是节省成本。

工业社会最计较的就是成本，原来那种"减材制造"，难免会产生一些边角料，这就是浪费。工业社会制造了这种边角料式的浪费。

3D打印把这个问题彻底解决了。在3D打印的工厂和实验室里，你绝对看不到边角料，想制作多少产品就准备多少原材料，有多少用多少。所以刚开始，因为它这个省成本的特点，我很是兴奋。

后来再一看，3D打印还有其他好处，它可以制造非常复杂的产品。这种复杂的产品若用减材制造，上机床，水平多高的老师傅才做得出来啊！但是对3D打印来说易如反掌，它后面的数据模型是什么样的，喷出来的就是什么样的，完全不需要工人的技术加工，这也是它的一个好处。

但是万万没想到,有些专家告诉我们,3D打印真正的含义不是什么增材制造,而是用数据远程控制驱动的制造。

这个含义就不一样了,有人甚至喊出了一句话:"3D打印是压在工业社会这头骆驼脊梁上的最后一根稻草。"

这话有点耸人听闻,什么意思?就是我们这一代人非常熟悉的工业社会,马上就要迎来一个终结者了,那就是3D打印。这听着好像不大可信,但没关系,我把整个的理论给大家复述一遍,信不信由你。

工业社会的两大绝活儿

说工业社会之前,得先说说农耕社会。农耕社会最大的特点是什么?物质匮乏,一个字——穷。工业社会一来,蒸汽机一开动,各种各样的机器一轰鸣,立即把这个"穷"字给撵跑了,人类生产各种各样财富的能力突然爆炸开来。

因为工业社会有两个绝活。第一个就是大批量的标准化生产。我们就拿郭台铭先生的富士康为例,他在深圳龙华的厂区有30万名工人,光食堂一年据说营业额就达到了15个亿。这个厂区每天可以生产2400个集装箱的货,在海关直接装船,分销到世界各地。在一个蓝色的大屋顶下,几千名工人夜以继日地加班,这就是工业社会最常见的生产场景,十分壮观。

工业社会的第二个绝招,就是精细化的分工,把每一个人按在一个非常精细的岗位上。你可能是生产苹果手机的工人,但是也许你自己根本不知道这一点,大量工人都只能跟个别元器件打交道。

就拿富士康来说,它里面专门有一个职位,职能就是去调整工人们每一个动作所花的时间。比方说这个动作:把一个电子元器件从生产线上拿起来,贴上一个商标,然后装进一个防静电的袋子里,扫描一下再放回到生产线。这个动作,熟练工人只允许用两秒时间做完,每天要做两万次。想想看,这是对人性多么大的压抑啊。

但是没办法,这是工业社会的标准配置,用这种方式才能才够把整个生产链条里面的效能或者潜力,全部给压榨出来,才有可能把匮乏和贫穷赶走。

工业社会的功绩还是非常伟大的,原来那些只有达官贵人才能够享用得到的非常昂贵的奢侈品,用不了多少年,随着工业社会滚滚向前,就会飞入寻常百姓家。

还记得中国刚出现手机的时候吗?售价一万元、两万元,任卖家随便喊,还有很多人想买都买不到,对吧?但是现在,在深圳的华强北路,花上一两百元钱就可以买到一个有基础功能的手机。再比如说非洲大陆,大约有6亿人口,2000年的时候,仅不足1%的人可以拥有手机。可是2014年年底,据说有58%的人已经拥有手机了。如果你现在再去非洲大陆看一眼,你还认得出那是非洲大陆吗?除了黑人兄弟没变之外,估计人人都用上手机了。这就是工业社会的伟大之处。

消费者和生产者的大分裂

但是工业社会也带来了一个问题，因为它追逐效率、追逐工业中的标准化和规模化，就制造出了一次大分裂。这个分裂在农耕社会是不存在的，因为农耕社会的消费者和生产者往往是一体的。比如说你想吃桃子，院里就有一棵桃树，你爬上树摘了桃，在裤子上蹭一蹭，就可以吃了。那么，你是消费者还是生产者？在这个场景里，其实是分不清的。你如果想吃红烧肉，妈妈就会给你做，对吧？

但是在工业社会里，这样的场景是分裂开来的。你想吃桃子，只能上超市去买，哪里有树给你现摘？想吃红烧肉，小区门口的连锁餐饮集团可以给你做，而妈妈要上班，没空给你做。所以，消费者和生产者被切割开来了。

《21世纪商业评论》的主编吴伯凡老师，曾经用一个古希腊神话来形容工业社会的转变。在远古，人是一种圆球样的东西，有四只手、四条腿和四只耳朵，力大无穷，神通广大，奥林匹亚山上的众神感到十分不安。天神宙斯就用一根头发把人分成了两半。人被分成两半后，每一半都急切地想扑向另一半，强烈地希望融为一体……爱情产生了。

工业社会就是把农耕社会消费和生产一体化的场景一剖两半了，让它们互相寻找，寻找就会产生信息成本。这种成本在农耕社会也有，但是相对较低。

他们是怎么办的？有两个办法。

第一，约定个日子，比如逢五、逢十就有集，大家都来赶集。或买或卖，非常好匹配。第二，走街串巷叫卖，靠人力搜索自己的客户。老北京的吆喝就是一种人肉搜索方式，它的整个交易场景被局限在一个空间内，而且规模也没有那么大。

工业社会的规模，可就吓死人了。就像我们前面提到的富士康食堂，你要吃妈妈味道的红烧肉，上哪儿给你做去？你只能去吃车间味道的红烧肉。你还想吃什么外婆腌的咸鸭蛋、爸爸在河塘里捕的鱼，这种个性化需求根本就无法得到满足，工业社会只能给你提供批量化的标准品。

再比如说，你坐到一个餐馆里，想喝点饮料，你只能喝酒水单上列出来的可乐、雪碧、王某吉、加某宝这些简单的东西。我更想喝我小时候喝过的自家酿的米酒，但是米酒的产量能有多少？只要没有形成规模化，它也不可能形成标准的供给，所以很难喝到。

面对这样一道新出现的鸿沟，工业社会最终也想出了解决办法，就是把所有市场中的消费者都假设为大众。"大众"这个词20世纪才出现，在英文当中写作mass，就是"一大坨、一大团"的意思。工业社会发展到巅峰的时候，我们假设所有消费者之间没有区别，就是面目模糊的一团。

所以社会学上有一句话："从来没有什么大众社会，只有生产大众社会的方法。"工业社会有什么方法？就是假装没看见。

消费者之间虽然有区别，但我两眼一抹黑，假装你们没区别，在你们面前摆上三个选择，你可能买不到你最想要的，但是你也不会得到最坏的，我多少也能满足你的部分需求，要求不要太高。这就是工业社会和消费者对话的基本场景。

当然，工业社会为了让消费者满意，也想出了很多办法。比如通过广告、电视这样的现代传播媒体，往消费者脑子当中输入一些概念：你就是上火了，你就是怕上火，你就得喝王某吉、加某宝！渐渐地，你真会觉得自己怕上火，得喝它。其实，这是一个传播的结果。

渐渐地，大众都觉得，拥有了三克拉的某品牌的钻石，才叫拥有爱情。实际上，我们是接受了传媒的一些暗示甚至是催眠，把我们内心里面的个性化需求固化到一些工业社会可以办得到的产品上面。这就是过去100年里我们这代人形成的观念和行为习惯。

但是，工业社会终于走到了它的暮年。我们都知道互联网在一点一点、一根骨头一根骨头地把工业社会拆掉，在往前走。往前走的方式，就是用互联网将特有的信息飞速地匹配起来，让人和人、人和信息、信息和信息飞速地匹配起来。

3D打印的本质：数据驱动的制造

在过去十几年中，人和人的交流变得更加顺利了，因为我们有QQ、微信等；人和信息的交流也更加顺利了，因为我们有百度；信息和信息、人和货物之间，也更容易配对了，因为我们有阿里巴巴、淘宝。这些互联网巨头在虚拟空间里将非实体经济这部分已经做得非常好了。

但是，还有一个鸿沟跨越不过去，就是物质生产怎么办？我们在外面跟大家讲互联网概念的时候，经常就会有人提这样的问题："你们老吹嘘互联网，搞来搞去不就是订个票、泡个妞吗？生产大机器、造房子才叫创造财富，因为它看得见、摸得着，我心里踏实。这些东西怎么互联网化？比如造一座桥，怎么互联网化？"

这就是3D打印的意义所在了。我们绕这么大一个圈子，就是要说回到3D打印上来。

3D打印是什么？是通过互联网和一系列现代化的材料技术、制造技术，构建出来的人类的最后一道跨越天堑的桥梁，是把人、信息、财富和实体世界的物质联系起来的方式。

3D打印和普通制造根本的区别在哪儿？我们前面讲到的，节省材料，可以做出更复杂的形状，这都不是根本，根本在于它是数据驱动的。

数据驱动和实体物之间的区别在哪儿?

打一个简单的比方,我要出版一本书,拿到印刷厂要先制版。在工业社会里,出版社出任何一本书都要计算成本,要考虑盈亏平衡点,即卖掉多少册才能挣钱。因为制版是要花钱的,这个成本要平摊到每一本书上,所以印刷机一开就是3000册以上,印数越多,就意味着成本越低。

但是在办公室里用打印机就不一样,每一页纸的成本都一样。学校的打印店都是按纸张数量来给你算钱的,从来没人说,你必须印3000份,我才能给你便宜点。

这就是3D打印和传统制造的核心区别,3D打印是数据驱动的制造。

这种制造方式带来两个结果。第一个结果是生产资料变得不重要了。在马克思整个的理论框架里,生产资料所有制决定了社会形态。生产资料怎么配给,生产力什么水平,决定了有什么样的社会形态。可是,在3D打印的前景照耀下,生产资料变得不重要了。

比如你有一台3D打印机,我就没必要也买一台了,我可以远程租借。我在北京,要给纽约的一个朋友送一份生日礼物。我亲手做了一个数据模型,通过互联网远程指挥一个纽约朋友的3D打印机把它打印出来,然后通过快递公司递到他的府上,不就结束了吗?生产资料对我来讲,只是临时租用几分钟或者几个小时的一个租借品。

从整个人类的生产链条上来看,一个租借品和一个必须拥有才能生产的物品，那重要性可就差远了，它是不能够扼住整个财富生产的咽喉的。所以你看，生产资料的重要性变弱了。

人的作用被释放了出来

3D打印的第二个结果，就是人的作用一下子被释放了出来。

我说过多次的罗永浩和他的锤子手机的案例。罗永浩现在就生活在一个3D打印时代还没有到来的工业社会，虽然这款手机的设计、概念都做得非常好，当然，罗永浩本身就是个营销大师。他最后折在哪儿？他之所以供货量不足，遭到很多人的围攻，不就是因为没法量产吗？没法量产的原因是什么？工业社会拖住了他的后腿。如果他的订货量不够大，对不起，厂家就不会给他上生产苹果的流水线，工人的素质可能也不是很好，因为你的订货量小，厂家没有效益嘛。

所以虽然他也找到了富士康进行代工，但是最后，产品合格率不高、残次品过多等问题都扼住了他的咽喉。这就是工业社会追逐规模化和个性化需求、创意化营销之间的一次激烈冲撞。

那我们假设一下，罗永浩这部手机是在3D打印时代诞生的，那就简单了。他只需要和他的团队完成所有东西的建模，至于怎么生产，那还重要吗？如果客户在长沙，长沙今天需要1万台，那就在长沙打印出来，然后送到客户手上，他完全就不会受到今天这样的制约。谁将变得非常重要？罗永浩会变得非常重要，相反郭台铭就变得没那么重要了。

说一千道一万，互联网能解决什么问题？解决给人赋能的问题，让每一个有禀赋、有才能的人，变得更强大。所以，3D打印实际上是互联网社会往前滚滚发展的逻辑上的必要阶段而已。

3D打印真的能实现吗

按照这个说法，如果3D打印有可能在技术上实现，那它就真的会成为压断工业社会脊梁的一根稻草。但问题来了，3D打印这种技术真的能实现吗？

前面，我们只是在理论上推导出，3D打印技术有可能成为工业社会的终结者，因为传统工业社会是有内在矛盾的，但是它的解决方案只是权宜之计。

比如说我们穿的服装，谁都知道，每个人的身材不一样，适合的尺码也不一样。传统工业社会有什么办法？它只好跟我们说："我稍微给你们切分一下好不好呀？从S号一直到XXXL号，大家买自己适合的尺码就可以了。"

但是买的人和卖的人都心知肚明，这种固定尺码的衣服穿上身以后，多少还是会有点不合适的。如果是一个对穿衣要求特别高的人，或者想要量身打造一套正装西服，怎么办呢？还免不了要去请那些老裁缝，用量体裁衣的方式给客户一个个性化的解决方案。

但是在3D打印的场景下，这个问题就迎刃而解了。一个人往那儿一站，扫描一下，得出一组数据，这就是只属于你的尺码。根据这个尺码打印或者制造出来的衣服，一定是非常贴合你的身材的。所以，3D打印的应用前景是多么的光明啊。

但是问题来了，服装只是人类制成品市场中非常小的一块，还有很多东西，比如说手机，它内部的机械构造和电子构造何其复杂！再比如说桥梁、房屋这些大型物件，以及对质地和结构有特殊要求的一些制成品，3D打印有用武之地吗？可能就不敢说了吧？

说3D打印是趋势，很多人可能都承认，可趋势这个东西是说不清的，到底什么时候能变成现实呢？如果说是1万年以后，对我们这一代人还有什么意义呢？

现在人类对3D打印的质疑，关键是对它的一些技术难题有没有可能突破而产生的疑问。从我看到的材料中，质疑主要集中在两块。

第一，3D打印机的价格能不能降下来？这一点我倒是比较有信心，因为只要大规模应用起来，一种技术的价格和它的制成品价格，将来总会便宜一些。

第二，3D打印机的工艺能否改进？这一点我也有信心，因为它可以逐步去改进。3D打印的灵魂是它的材料工业，有些东西你不用特定的东西是打不出来的。理论上，它可以打印出一块人的头盖骨（现在确实也有打印出来的）。可是如果材料不过关，用俩月就坏了，那医院就没法进货嘛。

所以，材料工业是受制于上帝赐给这个地球表面的那些资源的，有的时候整整几代人连一个材料技术都突破不了，这也非常正常。

为什么我们应该乐观看待3D打印

为什么我们这一代人对3D打印技术应该持乐观态度？我只给大家讲四个理由。

第一个理由，因为互联网的存在，人类的技术创新是一种重组式创新，世界各地的创新通过互联网可以发生横向协作。这个观点是从《第二次机器革命》这本书里得来的。这本书里讲，创新分两种。一种叫果实性创新，就是上帝让这棵树结了一个果子，摘完了就没有了。很多传统的创新就是这样，有些院士可能一辈子也只有一两个技术成果，他只摘得着这么一两个果子。

可是在互联网时代，真的存在另一种创新——重组式创新。两个完全不搭界的创新，因为互联网碰撞在了一起，形成了一个新的成果。人类的很多创新都是这样来的。所以，在互联网的条件下，人类创新的速度会快得多，它背后的机理就是这种重组式创新。

第二个理由，人类技术的发展越来越趋近一个全新的阶段。过去所有的技术进步，甭管大的、小的，都是由人来推动的，而在未来，有可能是由机器自己来推动的。就好比上帝造人，他不需要造出所有的人，只需要造出亚当和夏娃，让他们互相吸引，然后谈恋爱、生娃，娃又可以生娃，后面的事上帝就不管了。

人类可不可以按照这个模式照搬一次？即我们不仅可以生产机器，还可以生产出能生产机器的机器。你想象一下，未来某一天，我们向火星发射了这么一台可以生产机器的机器，它到火星着陆之后，自动开始挖矿，开始建造自己的钢铁厂，开始冶炼，生产出各种各样的金属配件，重新构架机器。这些机器自己又可以生产机器，然后迅速布满了火星的表面，采撷它的资源。这些机器自己又生产出宇宙飞船，把火星的资源发射回地球。如果有这么一天，今天所有的环保事业都不要干了，因为人类的资源问题彻底解决了。

是不是会出现这么一天呢？我不知道，但至少在逻辑上它是成立的，而真的也有人在尝试。就拿3D打印领域来讲，英国巴斯大学机械工程高级讲师阿德里安·鲍耶搞了一个项目，叫Reprap，就在试图生产一种可以生产出3D打印机的打印机。

这个技术我也不懂，但其间已经发生了几次迭代，第一代机器叫达尔文，第二代机器叫孟德尔，第三代机器叫赫胥黎，都是以生物学家的名字来命名的。背后的深意在哪儿？就是说，机器未来有可能是生物，有可能是亚当、夏娃，有可能自己下崽，不用人类操心。

在未来3D打印的应用场景下，我们有可能设计出一台飞机的发动机。怎么设计？因为飞机的发动机特别复杂，有几千个甚至上万个参数，所以我们得先设计出来，制造好多个样品，然后拿到不同的环境里去试，最后试出一个最好的样品进行改进，当然就很慢。

但是在3D打印和计算机系统接驳的情况下，就可以模拟现实的各种环境。它可以设计出一大堆参数，然后用"遗传算法"或者叫"进化算法"进行运算。这些参数可以在计算空间里面模拟出无数台飞机的发动机，给它叠加各种各样的情况，比如雷电、飓风等，让它自己像生物界演化那样去求生存。有的受不住，就被淘汰掉，剩下来的相互之间杂交，各自选取对方身上的优势，再生产出下一代，一直在算法中进行演化。

这就叫作物质编程。就是将来你只需要告诉计算机，你需要什么东西，它自己就能按照那些极其复杂的参数，在电脑空间里给你运算出一个最佳结果，然后接驳到3D打印机上，直接给你打印出来。

机器生机器，用生物学的模式重构机器，这也是我对3D打印持乐观态度的一个理由。

第三个理由，人类现在什么技术发展得最快？信息技术，其有可能抄了原来所有技术的老底。

人类历史上经常会发生这种事。我们为某件事情头疼的话，就会老想着解决这件事，所有的技术手段都会堆叠到这个技术领域。比如说石油，石油马上要用光了，怎么办？加强采井技术，各种井下技术都往这儿想。

可是，也许真正的解决方案并不在这儿。电动车一发明出来，石油技术也许就该埋地下了。所以，很有可能通过他山之石，也就是另外开辟一条新的路径，来替代原来的老问题。

信息技术有没有可能把制造业技术整体替代掉呢？有可能的。

大家都听过纳米技术，纳米技术让人类加工物质的能力进入到分子级的水平。如果真到了分子级的水平，还有什么制造业可言？只要是一个纳米级的制造平台，这个平台上既可以生产汽车，也可以生产电脑；可以生产一个水杯，也可以生产一匹花布。所有东西在分子级重组的时候，能源问题、物质材料问题全部都解决了。

纳米技术是21世纪人类非常重要的一个科研方向。纳米技术如果成熟了，从信息技术的角度来讲，把其他技术的难题从另外一个侧面给解决掉了。这也是我乐观的一个理由。

最后一个理由，20世纪的历史反复告诉我们，一项技术一旦开始奔跑起来，往往会进入一种叫"指数级"的爆炸性增长状态，你会发现它的发展过程是人类无法想象的。

比如说人类基因组，刚开始，我们一看，那么庞大的运算量，天哪，解决这个问题好像要花好几百年的时间。但是没几年，人的基因图谱就被画出来了。为什么？因为全球化的大协作，指数级增长的能力。

《奇点临近》的作者库兹韦尔曾经讲过一个道理，说如果你走1步是1米，那你走30步就是30米。但如果第1步是1米，第2步是两米，第3步是4米，这样翻着倍地走，到第30步是什么结果？你已经在10亿米开外，也就是说你已经绕地球转26圈了。

所以，指数级增长是一个特别可怕的增长，人类现在各个领域的技术突破都堆叠在一块儿的时候，就极容易触发这种指数级增长。

当然，在3D打印领域，指数级增长这个天灵盖能不能被打开，我们也不知道，但至少我们知道，库兹韦尔这个人正在干一件事。他现在岁数已经不小了，据说每天要吃230多种药（他认为，人类很可能在50年内就创造出让人长生不老的技术，所以他得多吃药，争取活到那个时候）。但他有信心，他认为到2027年的时候，计算机的智慧水平将超越人类；到2045年前后，整个人类技术会迎来一个点，这个点就是奇点。从此之后，人类基本上就可以退出创新领域了，我们再创新，可能就是写写歌、跳跳舞、做做舞台艺术和电影艺术方面的创新，剩下的事交给机器来做就可以了。

当然，这只是个别人对未来的想象，但他的这个想象正在被很多人接受。在美国，有奇点大学，也有奇点派，正在成为一个学术流派，他们用乐观的眼光来看待未来。我们是不是也可以参考一下呢？

我还得加一句，所有对于未来的判断，如果说得铁板钉钉，一定不靠谱。人在未来面前，还是要保持一种谦卑之心的，所以一边听听库兹韦尔，一边听听郭台铭，就不会有错了。

谁也控制不了技术的成长方向

人类亲自孕育了技术这个儿子，可是生下这个儿子之后，却让人类妈妈好为难，因为妈妈发现，她根本控制不了儿子的成长方向。过度悲观和过度乐观，似乎都是错的。

就像我们小时候读《小灵通漫游世界》，说2000年的时候，全北京上空跑的都是宇宙飞船了，再没有汽车了。现在都2014年了，宇宙飞船在哪儿呢？这就是一种革命浪漫主义的轻佻的乐观态度。

但是你会发现在过去一个世纪里，对未来技术做悲观估计的，或者按部就班预测、画个曲线往未来去倒的，往往都破产了，因为现实的发展远远超越了当时人的想象。

当然，技术——人类的这个儿子的发展，最重要的还不是悲观和乐观这个维度，而是它一旦实现之后，引发的社会后果，是我们完全没法想象的。

举个例子，当年爱迪生发明了留声机，最开始他设计这个东西是为了把自己的声音留下来。他在进行商业销售的时候，打的是这个卖点：让老人留下声音，做遗嘱用，让子孙后代知道爷爷和爷爷的爷爷说话是什么声音。

结果，这玩意儿一上市，全世界人民都拿它来听音乐，搞得很不严肃，爱迪生很生气。但是没办法，这个蛋你下完了，孵出来一只小鸡，它的生物性的成长过程，它的逻辑链条的展开，就跟你这个妈妈完全没有关系了。这才是技术和人类之间真正的摩擦点。

如果3D打印完全实现了

我们回到3D打印的话题。不管对3D打印的态度是悲观还是乐观，我们都应该做好一个心理准备，就是万一它实现了呢？实现之后引发的整个社会后果又是什么样的呢？我们不应该提前做一些判断吗？至少我个人的判断是谨慎的、悲观的，我认为人类政治、文化、法律的全套体系，都没有做好相应的准备。如果它真像库兹韦尔讲的那样，来得那么快，我们会不会面对一次劫难？也未可知。

给大家举个例子，美国有一个网站叫Defense Distributed，这个网站的主人是美国得克萨斯大学的一个大二学生，叫科迪·威尔森。在这个网站上，你居然可以下载到3D打印枪支的文件和数据包。

试想一下，一个普通人，用普通的3D打印机，用普通的材料就可以打印出枪支，会产生什么后果？

第一个后果是，3D打印可以任意变形。也许他打印出来一把面包状的枪，也许是一把鱼竿式的枪，它的应用场景会变得非常复杂，防不胜防。万一这玩意儿落到恐怖分子手里怎么办？

第二个后果是，你可以把这把枪带上飞机。这把枪除了撞子弹的撞针是金属的，剩下全是塑料的。也就是说，你完全可以在兜里装上一根撞针，然后把一把3D打印的塑料枪搁在其他行李里面，在机场蒙混过关。

事实上，也的确发生了这样的事情。英国的两名记者就做了一个实验，他们在兜里装了一把3D打印的枪，顺利通过了伦敦火车站的安检，上了"欧洲之星"列车。然后，他们在火车上把东西拿出来，当着全车厢人的面，把它拼装完成，带着这把枪若无其事地在车厢里走来走去。

一看没人搭理他们，这哥儿俩还急了，干脆把枪拿出来，当着所有人的面儿合影、作秀、摆pose、拍照片，还是没人有反应。

巴黎到了，他们带着这把枪下了火车，又通过了巴黎警方的安检，来到了巴黎市区，还是没有人有反应。

这两个记者就沿途大喊："我带枪了，我是恐怖分子！"依然没人搭理他们，因为3D打印的枪支就是这样具有伪装性。

第三点更可怕。这个网站其实一度被美国政府盯上过，美国政府强行要求他们把这玩意儿下架。其实政府也很为难，这件事到底是适用《枪支管理法案》，还是适用《信息管制法案》呢？说不清楚，人家就是上传了一个3D打印的数据包而已。但是不管怎么样，这个数据包上传两天后，就被强制删除了。

事后,这个网站的创始人科迪·威尔森说,删掉就删掉吧,无所谓,这东西也没什么了不起的,在一般的图书馆都可以查到,大家自己去查吧。

这句话说得好吓人啊,意味着政府原先控制3D打印枪支这种事的所有手段都是失效的。过去你传播危险信息,我可以从你这儿掐断,而在互联网时代,这些信息到处都是。我们假设有一个恐怖分子,我们不知道他的目标和行为方式,他听到了这番话,第二天就钻进了图书馆查找。几天之后,他揣着一个像面包的东西走出来的时候,你不觉得毛骨悚然吗?

虽然3D打印或者互联网技术的未来很美好,给每一个人赋权、赋能,整个世界资源的体系将会重构,个人可以获得更大的权利和资源。可是人有复杂性,假设他是恐怖分子呢?假设他极端仇恨社会呢?这个东西到了他手里,你知道引发的社会后果是什么吗?

且不说这个后果有多严重,人类现在没有办法去制约这个后果,这才是真正可怕的。

每个人都应该活在趋势中

大家都知道,近30年来,制造业在国际间梯次转移,最后来到了中国,把中国变成了世界的制造之国。如果3D打印真的实现了,中国这个"制造王国"的美名和地位,还能保持得住吗？

2010年，奥巴马上台的时候承诺，美国要重振制造业，甚至还要拨款、修改法案等。在我看来，在3D打印技术的坐标下，这就是扯淡。工业将来会变成遍布全球的零星式分布，地域空间的限制已经变得不重要了，在中国还是在美国，这个重要吗？重要的是那些能够设计数据包、数据模型的大脑在哪儿。

假设他们现在在旧金山，会一直在旧金山吗？没准儿将来就在马尔代夫呢。如果马尔代夫政府说，只要你会玩3D打印，所有度假村都对你免费。没准儿未来世界的创造中心就在马尔代夫的海滩上，也未可知。

也有可能，未来的国家主权会变成民间组织，一个分布于全世界的组织。也许这个组织的权利和资源，远远超过一个主权国家，因为3D打印时代、互联网时代，权利都在个人手里。

你只要接受这个前提，真的可以推导出这样形形色色、光怪陆离的结论，而所有这些结论都在告诉我们每一个中国人，乃至每一个美国人，你现在看到的世界，你根据现在看到的世界推演出来的未来世界，以及相应的解决方案，可能全都是错的。未来世界什么样？3D打印已经让它变得面目模糊。

今天我们讲的是3D打印机，实际上我想说的是，一个人面对那些已经呈现出光辉前景的技术创新，应该持一种什么样的态度。

很多人往往是在两极之间摇摆，要么绝对乐观，对未来某个时间点会出现的某个确定性的结果，做赌徒式的下注；要么就是完全的悲观，甚至是保守式的排斥。悲观者认为：我原来的世界很美好，我原来的被窝很暖和，新的东西你不要来，我原来的世界牢不可破，你对我毫无作用。

我主张的态度是，每一个人都应该活在趋势中。这两种极端的态度，可能都对，也可能都错。你可能欣喜若狂，也可能非常失望和沮丧，但是，如果你能秉持一种活在趋势中的态度，那你生命中的每一个点都可能获得惊喜。面对这些创新，我们用一种欢乐的姿态，用一种匍匐的身姿跟在它身后，体察它一点一毫的进步，这本身就是快乐的所在。

更何况，趋势这个东西非常严酷，有的时候它会造福于你，有的时候会扑入你的生命中，给你造成各种各样的阻碍和劫难。但不管怎么样，你只能享受，无法拒绝，这就叫活在趋势中。

我在市场上找到一本书，叫《3D打印：从全面了解到亲手制作》，它的作者是北京大学的杨振贤先生。这本书里有如何亲手做一款3D打印机的全面指引，如果你有兴趣，真的可以亲手制作一台。

如果你做成了，我愿意用《罗辑思维》的资源帮你展示，因为我们知道，你就是那个活在趋势中的人。

03 | 未来脑世界

沙堆实验的启示

20世纪八九十年代,美国有个叫巴克的物理学家及系统科学家提出所谓的"沙堆实验"。这个实验,我们在前文中讲过。

这个实验的结论就是:当我们人类面对一个过于复杂的系统的时候,我们是束手无策的,只能傻呆呆地在旁边看着,因为我们既不能控制,也不能测量,更没法预测。

可是我们人类是有理性的生物,我们有自尊心,怎么能够容忍自己面对一种完全不确定的境况呢?那不是绝境吗?所以,即使认同这不可预测,我们人类也在试图换一个角度来把握它的规律。

20世纪,很多科学家就创立了这样一门学科,就叫复杂性科学,专门研究"沙堆实验"这样的问题。

复杂性问题我们先搁下不谈,说一个跟它有点关系的话题,那就是:人类通过互联网会构建一个什么样的未来?

人类的进化通往何处

这话题太大,但是也非常有魅力。即使是一个穴居人,他在仰望星空的时候,以及今天的你拉着女朋友的小手,躺在草地上仰望星空的时候,心中多多少少都会泛起这个问题。千秋万代之后,我们的子孙会是什么模样呢?手会变成六指吗?还是手指越变越长,更方便我们敲击键盘?

有一点我们必须承认,就是进化论的规律到人类这儿会失效。虽然进化的洪流仍然滔滔向前,浩浩荡荡,但是到人类这儿它会拐一个弯。为什么?因为在当代文明的条件下,进化的很多条件对人类这个物种已经不适用了。

达尔文扔出来的进化论是物竞天择,适者生存。换句话说,自然选择的压力冷冰冰地盯着每一个物种,你有能耐你就活,你就传宗接代;你没本事,你竞争失败了,你就只能断子绝孙。基因就是这样一代一代传下来的,就是这么一次一次选择得到的。

可是在现代文明的条件下,我们的伦理条件允许我们把那些竞争失败者,换句话说就是穷人,赶尽杀绝,不让人家传宗接代吗？当然不能。我们的政府也在补贴穷人，也想让他们过上幸福的生活。

所以，不管竞争成什么样，人类的基因都会传下来，自然选择的压力到人类这个物种这儿就失效了。我们的进化历程一定会拐一个大弯，可是拐到哪里去呢？

前不久，我看到一句很有意思的话，大意是这样的：人类有什么了不起？不过就像十几亿年前，地球表面某一个泥坑里那些黏黏糊糊的单细胞细菌而已。那个时候，那堆单细胞生物连细胞核都没进化出来，人类现在也不过就是那个状态。

我们的未来，就是一个一个的单体，像细菌那样，从单细胞动物进化成多细胞生物，通过互联网构建一个更大的生物。你不得不承认，这是一个奇思妙想，虽然想想挺不堪的。

换句话说，千万代之后，我们的子孙将会活在一个巨大的生物体的体内，人类只是一个个细胞，那个才是主体，混得好点儿，我们能成为人家的脑细胞、眼细胞；混得不好，我们很有可能就是人家大肠里拱动的蛔虫。

人脑就是互联网发展的终极状态

这个猜想会不会成为现实呢？一本书叫《互联网进化论》，它的作者是中国科学院的客座研究员刘锋先生，这本书的结论和刚才这个猜想完全一致。

这本书的结论就是这样，单细胞生物进化发展出人的大脑，人的大脑从这会儿开始，借助互联网，构建起另外一个大脑——全球脑，即以地球甚至是以宇宙为空间的一个大脑，它发展的尽头就是现在人脑的状态。换句话讲，人脑就是互联网发展的终极状态，现在的互联网技术就是奔着人脑的状态去发展的。

我看完书后迅速约刘峰先生见了个面，问他怎么会有这样的想法。他说，这个想法的创生有两个契机。第一个契机，原来他是个程序员、码农，写程序的时候发现，现在很多程序其实都是从原来某一个原始程序演变过来的，那个原始程序就是BBS、天涯论坛这些东西。他发现什么电子商务网站、搜索引擎，包括维基百科，这些网站在底层代码上跟这玩意儿一样，所以这是不是就是一个单细胞生物演变过来的？这里面是不是有进化的规律存在？这是一个启发。

第二个契机，有一年他为水利部工作，发现水利部在中国所有的江河湖海当中，遍布了各种各样的探测器，有的探温度，有的探流速。这些触点采集到的信息，会通过互联网连到北京的一个主机房，供水利部的专家去分析全国的水文情况。他说，这不就跟一个动物的神经系统类似吗？

这两个契机激发他往下研究，于是捧出了这本《互联网进化论》。

我继续问他："你有没有确凿的证据证明你这个猜想是对的？"刘锋先生也坦然承认，现在为止，它就是一个猜想。互联网已经构建了和大脑一模一样的各种神经系统，比如说视觉神经，就是摄像头；听觉神经，就是各种各样的声音采集器；自主神经系统，就是互联网上的搜索引擎；运动系统，就是自动打印机；等等。我们在互联网上能够看到的新进展和生物神经学的进化，基本上能够一一吻合，但是我们只能说这还是一个猜想。

跟刘锋先生接触完之后，我自己倒是可以为这个猜想补充两个佐证。

第一个佐证就是分形学。分形学是美国数学家曼德勃罗在20世纪提出来的。他最开始写了一篇文章，就叫《英国的海岸线有多长》。很多小学生都能随口报出来英国的海岸线有多长，但是他仔细一想，不对，这得取决于你用什么样的尺子去量。如果你一点一点地去量，这个海岸线可以变得无穷长，因为每一个弯曲你都要量。

所以，这个问题其实是没有标准答案的。由这个问题开始，曼德勃罗就创立了分形学，当然，这是数学。我们今天要讲的不是数学问题，而是分形现象，就是从宏观尺度到微观尺度的一种自相似性。

比如说，你看到一棵树，这棵树你从来没见过，但是你一眼就发现这是一棵树，这是确定无疑的，因为它的形状是与你的感知系统里树的原形是对得上号的。树是什么形状的？就是不断地分叉，根生干，干生枝，枝上有叶，叶上有叶脉。几乎所有的树都是这样分叉的。所以，从宏观尺度和微观尺度看，是一模一样的形状，这就叫自相似性，跨越两个维度完全一样。

佛经里面的讲法也一样，三千大千世界，一千个小千世界构建成一个中千世界，一千个中千世界构建成一个大千世界。

总而言之，宏观结构和微观结构在不同尺度上有惊人的相似性，这是宇宙的普遍规律。后来很多痴迷于数学和互联网、计算机的人还发明了一种艺术，就叫分形艺术。

这种分形艺术的特征有两个：第一个就是我们刚才讲的自相似性，第二个叫无限可精致性。就是把这个图不断地放大，它的精致结构和宏观结构一模一样。这就是分形艺术。

它跟我们刚才讲的互联网进化论的猜想，有一定的相似性。单细胞生物进化为多细胞生物的顶端就是人，人再进化，构建成一个更大尺度上的生物，这是完全有可能的。这就是分形，这是第一个佐证。

我们还可以提供第二个佐证，是一种自下而上的看法，这就要说到物理学的一个定律——热力学第二定律。文科生不懂这些科学名词，但宇宙大爆炸，大家有概念吧？最开始的宇宙就是一个点，密度极大，温度极高，体积极小，然后不知道什么原因，"砰"的一下就炸了。然后体积越来越大，所有的星云飞速地奔离，密度变得越来越稀薄，热量变得越来越小。

不说这个了，就说打鸡蛋吧。把一个鸡蛋磕到碗里，里面是非常清楚的结构，黄的是蛋黄，白的是蛋清，然后你就"咣咣咣"一通打，最后什么状态？从宏观上看，性质趋于单一；从微观上看，所有的点的运动状态变得混沌而没有系统感。

对，这就是宇宙大爆炸的终点。热力学第二定律提出一个概念，叫热寂，也就是热量变得寂灭了，那个时候宇宙的终点就是：所有的地方密度一样，所有的地方温度为零，所有的生命绝迹。这就是宇宙的未来。

全球脑的量子跃迁

物理学家这话刚说完，生物学家就在一旁冷笑，扯什么呢？没看见生物现象吗？我们研究的对象恰恰是一个相反的过程，你们认为宇宙是从有序到无序的发展，我们看到的恰恰相反，是从无序到有序，从单细胞到多细胞，一直发展出人脑这样极其复杂的有序结构。那你说，到底是物理学家对还是生物学家对呢？到底是有序到无序，还是无序到有序呢？这就成为一个争论。

那是谁一锤定音，终结了这个争论呢？量子物理学大师薛定谔写了一本书，叫《生命是什么》。这本书里从另外一种维度重新定义了生命。他说，什么叫生命？生命就是一种系统，它有能力从无序状态变成有序状态，符合这个特征的东西，都可以被称为生命系统。

这么一定义，生命可就不只是狭义上那些生物了，大气的很多现象，也可以称为生命，它们也是从无序突变成有序状态的。

这时候就不得不提到一个人，拉兹洛。他是匈牙利人，小时候是个音乐神童，出了很多唱片。这个人一生都在讲一个概念：广义进化论。言下之意，就是进化可不只是生物学的现象，宇宙万物都存在一种逆天的行为。你不是说宇宙会奔向热寂、奔向无序吗？不，有一种逆天的方式就叫生命，会反过来从无序到有序。

按照拉兹洛晚年出版的一本书的说法，人脑不过是1×10^{10}个神经元，然后构建起的一个复杂的生命系统。地球上是56亿人，那就是0.56×10^{20}。如果它们通过互联网连接起来，会不会形成一个新的大脑呢？所以拉兹洛这本书的名字叫《全球脑的量子跃迁》。

什么叫量子跃迁？就是突然发生一个断点、一次突变，这个由56亿人形成的脑就会醒过来。

当然，拉兹洛的看法比互联网进化论更深了一层。他的意思是，我们进入了另外一种进化的历程。要知道，进化之路永远是凶险之路，它是一道窄门，有的物种过得去，有的物种则会活活地死在这道门前，恐龙不就是没进化过来吗？所以在这个裂变、这个起点到来的时刻，人类有没有可能通过连接，通过重建一种伦理观，进入一种全球脑的量子跃迁状态呢？有可能，但是需要我们做出各种各样的努力，这就是这本书的大意。

但是再回头来看我们今天这个主题，人类有没有可能像单细胞动物进化成多细胞动物那样，通过互联网变成一个全新的物种呢？广义进化论为我们提供了一个新的佐证。

人工智能不会是人类的敌人

前面我们讲述了一个关于人类和互联网未来的猜想，它不是科学，它不可以证实，也不能证伪，就是一个假设。正如一个科幻故事的标题所起的那样——我们的征途是星辰大海。在互联网的介入下，人类文明正在面对一次突变和转型，前方是沉沉的黑夜，完全没有路标，没有过去的任何经验可供我们学习。怎么办？

我们这个时候的处境就有点像1492年的哥伦布，他老人家带领舰队从欧洲的海港出发的时候，心中只有一个欲念，那就是：我坚信地球是圆的，我坚信往西走能到东方。哥伦布多么希望手里有一张海图，哪怕是张错了的海图啊。可是没有。

现在我们比哥伦布幸运得多，我们好歹有一些猜想。这些猜想在实践的过程中会得出一些推论，我们可以不断地去验证这些推论，反过来再来丰富这些猜想。这就是所谓的大胆假设、小心求证，人类进步的步伐不过如此。

接下来，我们把互联网进化论作为一个猜想，来做几个推论，看能不能说服你，有没有道理。当然，我事先声明，它不是真理，它是推论。如果前提错，后面推论全错。

我们先说第一个推论：某些科学家正在致力研究的人工智

能是一条绝路。就是试图靠电子元器件、靠人类的鬼斧神工代替大自然的鬼斧神工，生造出一个拥有人脑那样高级智慧的机器来，这个思路是绝路。

为什么？因为这个机器排斥了人本身的存在。我们是试图用人的智慧代替几十亿年的生物进化史，代替那种自然选择造成的鬼斧神工的结果。而按照互联网进化论，结果可能是另外一种，那就是人工智能本身就包含了人，人只是人工智能当中的神经元，而互联网仅仅是连起它们的神经。

这可是两种不同的人工智能，前一种人工智能，不仅科学家信，很多电影导演也很喜欢。比方说美国电影《终结者》就在猜想，未来某一天，一个以计算机为基础的人工智能防御系统自我意识觉醒了，突然活了，一看人类好不顺眼，就想把人类弄死，控制全世界。这个猜想的前提就是互联网智能的觉醒是脱离人而存在的，所以成了人类的敌人。

而按照后一种人工智能的说法，那就不是这样，如果人类参与其间，扮演着神经元的角色，那么我们和未来的人工智能是两个层次的存在，而且我们是同舟共济的，我们好，它才好，所以不存在这种竞争。

就像生物学里提到的"领地"的概念，很多生物都有领地的习性。领地是特指同物种的问题，跨物种没有这个问题，一只蚊子和一只老虎，既不是食物链关系，也没有领地冲突。

我们和未来的人工智能也是这样，所以不存在未来觉醒的人工智能反过来灭杀人类的问题，这是第一个推论。

你是促进了连接，还是阻碍了连接

第二个推论就更有趣了，如果互联网真的要拼接起一个大脑，那在这个进化的历程中，这个物种最大的利益实现方式就是：我们要连起来。那也就可以判定，在所有的互联网商业实验中，有些互联网实验注定是要失败的，而有些注定在进化的主过程中，会走向进一步的成功的。怎么分别呢？用这个词来分别：连接。

刘锋老师在《互联网进化论》这本书里，就提出了互联网进化的九个规律，其中第一个规律就是连接规律。他说人类的进步就是其若干运动和感觉器官不断延长和连接的历史，未来人类与互联网的连接将会更加紧密，这就是进化的方向。换句话说，所有互联网商业要判断自己有没有未来，就是看你是促进了连接，还是阻碍了连接。

举个例子讲，三星手机Note3推出了一种智能手表。智能可穿戴设备现在很热门，科技界的人天天都在讨论这个话题。可是什么智能穿戴设备会有未来呢？Apple Watch（一般称iWatch）手表会不会有未来呢？如果仅从互联网进化论来推论，它没有未来，为什么？因为它阻碍了连接，它的屏幕太小。也许刚开始很时髦，很多人会买。但是由于更小的屏幕阻碍了连接，所以它会被进化的洪流淘汰掉。

而另一种可穿戴设备——谷歌开发的Google Glass（智能眼镜）就非常有前景，因为它把屏幕放大到了足够大，可以覆盖人的整个视野，加速了连接，让连接的成本更低、连接的通道更宽。这就是我对这两个产品的商业前景的判断。

有人说雷军创办小米，有过三次变卦，都是关于小米手机的屏幕。小米刚推出来的时候，是4英寸屏，雷军解释说，东方人手小，西方人手大，4英寸最好。小米手机第二代的时候，却变成了4.3英寸，雷军解释说，4.3英寸是我们测算之后最合适的尺寸，再大就不好了。小米三代的屏幕达到了5英寸，说明此前雷军讲的都是牵强附会。

这说明了什么？说明现阶段人们是通过屏幕驳进互联网的，所以更大的屏幕就意味着更快、更低成本的连接。我自己就有一个体会，iPhone6没出来之前，我一直都用苹果手机，可是当我用了一次5.5英寸大屏的三星的Note2手机之后，我发现我再也退不回去了。我仍然觉得iOS系统真好用，但我真的接受不了小屏幕了，我已经习惯了通过一个大的屏幕和互联网连接。这不仅是我个人的体会，很多朋友也这么说，可见连接这事有多重要。

知识精英们不要一天到晚嘲笑互联网，不把你们所掌握的宝贵的知识资源放到网上供人们连接。你们不要再抱残守缺，守着你们那个精英的头衔嘲笑互联网了，人类是坚定地要走连接的道路的。所以，互联网进化论其实也可以指导我们的具体行为。

终极的连接，就是隐私的完全丧失

第三个推论就更有意思了，关于信用问题。互联网一直存在一个问题——隐私。我记得20世纪流传着一句话：在互联网上，你永远不知道对方是不是一条狗。这几乎成为互联网的公众形象了，互联网不安全，对方是杀人越货的盗匪还是一个丑八怪，你都不知道，怎么信任互联网呢？所以互联网不靠谱。

可是我要告诉你，在互联网的前方，当连接成为所有人行动的一致方向的时候，隐私会不存在的。这可能有点儿令人大跌眼镜。没有隐私怎么活？没有隐私照样活。

我们来做几个论证。第一，有隐私，大家就会不方便，不方便就阻碍了连接，对吧？举个例子，你进了地铁站，正好口渴了，想通过自动售货机买一罐可乐，可身上没有钢镚，纸币塞进去又不认，怎么办？微信为我们提供了一种功能：二维码支付，扫一扫，后台直接支付，"咣当"就滚出来一罐可乐。好用吧？但你在这个地铁口买了一罐可乐这个信息和你的手机号、你的微信号是捆绑的，理论上是有可能被追溯的，没准儿你乘地铁是准备去小情人家，没准儿你老婆天天制止你喝可乐，你现在不就暴露了吗？所以，要方便，就没有隐私。

所以，终极的连接，就是终极的隐私的丧失。

你说不行？社会会强制到你说行。比方说，你买了辆车放在地库里,这是你的隐私,没人知道你买了什么车。上路之后,按照起码的交通规则,你不能遮挡号牌,你必须信息透明,因为你进入了连接,进入了网络,会跟他人产生互动,你的行为必须可追溯,就这么简单。所以在路上遮挡号牌,这是个巨大的交通罪过,警察一定不会饶了你。

我们还可以把这个道理说得更深一点儿。我屡次在节目里推广过一部小说,叫"三体"。"三体"说的是外星人。三体人就有这个特征,一个个跟虫子一样大小,而且智商也不高。但是他们有一个特征,就是没有隔肚皮的话,一个人的想法,瞬间所有三体人都会知道。不仅仅是隐私,很多自私的一闪念,全体三体人都会知道。

所以三体人就特别不理解地球人,说你们地球人每个人的想法都在自己脑子里,你们这文明怎么可能长大呢?不可能的呀。我们且不说协作的力量,就说一个近在眼前的威胁吧。等你们科技稍微发展一点儿,某个恐怖分子在自己家研制出一枚原子弹或者氢弹,然后制造一个恐怖事件,那人类文明就毁了。

没错,当个人的力量可以让整个文明毁灭的时候,我们如果还想再发展,必须要做一件事情:让每一个人的想法暴露在所有人的面前,没有任何隐私。这就是互联网进化论的未来,你可能无法接受,但是它就是推论之一。

互联网社会中的新型伦理

前不久,我读了一些城市社会学的书,读到芝加哥学派的一个结论,觉得特别有意思。什么是城市的最终产品?城市的最终产品就是由城市塑造出来的新型人格。就是说,当人连接起来、互动起来之后,就会产生一种新型的人格。和新型人格相匹配的就是新型的伦理。

按照传统社会的伦理,首先你得善,然后才是真。可是在互联网社会里,这个次序颠倒过来了,真变成了第一位的要求,你只要真,不假、不装、不端着,人们就认为你不错,即使你是苍井空,即使你是木子美,那也挺好。

互联网进化论的下一个推论,讲出来可能会得罪人,有些人会不高兴。这个话题就是,在互联网的商业环境下,小公司该用什么样的姿态和大巨头进行博弈?我还记得前几年张朝阳说过,中国不需要那么多互联网公司,有几家巨头瓜分市场就好了,小公司是没有机会的。

真是这样,现在中国的互联网市场不就是百度、阿里巴巴、腾讯,还有新浪、搜狐、网易、优酷在瓜分市场吗?小公司创业好难的。但是创业者不服啊,王侯将相宁有种乎?不是说互联网时代人人都有机会吗?凭什么不能把巨头从宝座上拉下来呢?可以,但是不太现实。

第一，不管你做什么产品，不管你研发市场再用心，巨头一看，这个还可以，我也做一个吧，你就没机会了。

第二，我们作为用户常这么想，不要搞那么多账号、密码，烦死人了，最好是用巨头的那一个账号、密码，一登录，所有互联网产品都可以用了，多方便啊。

所以在全球市场上都会出现互联网寡头一家独大的局面，传统社会还有所谓的二八定律，巨头占八，我们分剩下的二，互联网时代可没这个了，就是赢家通吃。除了中国之外，全世界的SNS网络，就是Facebook一家独大，其他人一点儿机会都没有。除了中国之外，搜索引擎就是谷歌一家独大，其他人一点儿机会都没有。为什么？我们还是得用互联网进化论来解释。

前不久读到一本书，叫《脑的进化》，作者是诺贝尔奖得主艾克尔斯。这本书我虽然没读懂，但是我知道了一个东西，那就是人脑的构成。

人脑是一种独特的结构，它包含了几亿年进化史的全部过程。比如罗胖，我的脑子的最里层有一个鱼的脑袋，外面包裹着一层两栖动物的脑袋，再外面包裹着一层爬行动物的脑子，再外面包裹着一层哺乳动物的脑子，再外面才是罗胖的脑子，那个东西叫大脑皮层。我们从小读书、受教育、喜怒哀乐，其实都在皮层里。至于里面的深层结构，我们有时候根本意识不到它的存在，但不是说它不起作用。

比如说，有的人天生怕蜘蛛，其实蜘蛛有毒的很少，为什么怕呢？也许是你在小飞虫时代的神经脑留下的印象。当你还是只青蛙的时候，你特别怕蛇，它藏在我们脑的深处，所以现在很多女生都怕蛇，就是这个道理。所以，人脑实际上是像俄罗斯套娃那样的一个嵌套形结构。

如果人脑是这样，那么依据互联网进化论的思路，未来我们搭建成的那个互联网脑，那个超级脑、全球脑，它也是这个结构。那么赢家通吃就好解释了，因为这里面，存储只能有一家，中枢神经只能有一家，很多系统只能有一家。如果有好多家，不就精神分裂了吗？这就是互联网时代，很多东西赢家通吃的原因。

竞争的胜败并不取决于产品的优劣

我们再来回看中国现在的互联网竞争，你就会发现，某一个层次的脑的进化已经完成了，它就是基础设施，这一层再也没有机会空间了。不是说你的产品不够好，而是你来迟了。

就像我们现在喜欢用的微信，各家都想分得一杯羹，网易做了易信，阿里做了来往，有机会吗？不能说完全没机会，但是机会确实很小。不是说这个产品不好，也许比微信还好，但是对不起，你来迟了。

凯文·凯利讲过，互联网技术通常分三个期：第一个期叫前标准期，第二个期叫流动期，第三个期叫嵌入期。一种技术标准刚开始的时候，四国奋战、列国争雄都可以，各种各样的系统、标准都可以出来。但是到了嵌入期，只能有一家，剩下的全部出局，非常残酷。

我们身边有很多这样的现象，比如说电脑键盘，最左边上面，是Q，W，E，R，T，Y这么排的，叫Qwerty键盘。为什么这么排列呢？没道理。也许有人会告诉你，这最符合人体工程力学。扯淡，真实原因就是老式打字机怕钢丝缠绕，所以把常用到的字母在键盘上给分开了。后来技术改进了，没有这个问题了，但是键盘本身的排列格局已经定下来了。

后来很多人试图给出一种更优化、更符合人类输入习惯的字母排列方法，但是都没有成功，这种最不合理或者说最没道理的键盘排列方式，就这样定下来了，不会再改了。

再比如说，火箭推进器的大小是由两匹马的屁股决定的，为什么？这也是一个嵌入的道理。最早英国人的马车车轮的宽度，是由两匹马的屁股决定的。后来英国人修铁路，是按照这个车轮的宽度定下来的。后来用火车铁轨运送火箭推进器，也只能那么宽，最终两匹马的屁股决定了火箭推进器的宽度。

人类社会大量存在这种现象，基础设施一旦嵌入到每一个人的习惯之后，如果它没有大的害处，即使它不是最优的，我们也没有颠覆它的机会了。这就是巨头永远是巨头，你再也没有机会把它拉下马来的原因。

小公司的成长之路

凯文·凯利讲过一句话：什么是机会？只有能够生出新机会的机会，才是真正的机会。

这话听着有点绕，什么意思？就是当一个机会能够产生新的嫁接的可能的时候，这个机会本身才能是真机会，否则就是假的。比方说，美国人曾经流行一种宠物石头，卖掉了好几百万个。但是凯文·凯利说，这叫什么机会？这阵风过去就没有了，它上面不可能产生新机会。

但是互联网的很多机会就是机会，比如说电子邮箱，很多人发现这个东西好，可以免费做广告，于是电子邮箱就产生了新机会。

广告多了变成了垃圾邮件，有的公司就会琢磨，我可以开发反垃圾邮件软件啊。于是，垃圾邮件上面又出现了新机会。

正如《罗辑思维》第一集开播的时候，为什么我们那么热情地求着网易云笔记成为我们的第一个赞助商？我们不是贪图这一笔赞助费，而是因为它是一个开放性的机会。当它成为我们的赞助商之后，各位网友可以在网易云笔记里给我们投稿，我们成为你们投稿、展示自己思想、存储自己资料的机会，这样我们才能成为真正的机会。

如果15年前的马化腾看不惯微软独霸操作系统，也来搞一套QQOS，你觉得今天还会有腾讯，还能有马化腾的今天吗？马化腾一定是先接受那个操作系统，而不是去谩骂那个叫微软的垄断性公司，所以才会有15年之后腾讯这一棵大树。

机会永远生长在上一个机会的上面，就像一个生活在唐代以后的人非得也要作诗，你作什么诗啊？人家唐代人把诗都写完了，如果你是宋代人，你就填词嘛；宋代过了，你就写曲嘛；到了明清，你就写小说，跟着曹雪芹混嘛。你若在中国当代，连小说也没得写了，那就写段子嘛。一代有一代之体，你得找到属于你这一代的机会。这才是小公司的成长之路。

小公司的两种活法

公司会成长成什么样呢？按照罗胖的主张，有两种模式你可以选，或者可以嫁接：一种叫作蟑螂式，一种叫作犀牛鸟式。

什么叫蟑螂式？就是又小，生得又多，还跑得快。比如说淘宝店家，它很小，不会跟巨头们产生竞争，所以巨头们也看不上它。很多做得很好的淘宝店就是抓住了这种机会，它掉头快。

蟑螂这种生物，你可千万不要小看，它在进化史当中，可是老爷爷辈的生物，很多灾难都没有淘汰掉它。蚊子我们拿手就可以抓，苍蝇可以拿拍子打，可是人类从来没有发明出一种可以撂倒小强的工具，只能给它喂药，因为它跑得快啊。

什么叫犀牛鸟式？犀牛皮糙肉厚，但它的皮和皮之间的褶皱是非常嫩的，很多蚊虫就上去叮咬。犀牛就特别需要一批犀牛鸟围绕着它，帮它吃掉这些蚊虫。所以犀牛鸟和犀牛就构成了一种非常好的生态，准确地讲其实就是寄生关系。

"寄生"这个词好像有点难听，但是我们《罗辑思维》就是寄生在两大平台上：一个是优酷，一个是微信。这丢人吗？一点儿也不丢人，这就是互联网时代的协作方式，他们做基础设施，我们做基础设施上面的应用，这就是我们的活法。

当然，你心里可能会说，这叫没有志气的活法，人家是房东，你就是一个租户，什么时候让你滚蛋，你就得夹着包袱滚蛋。

我觉得这笔账你可能算错了，我们不妨重新来算一下。在基础设施上面生长一定会吃亏吗？不一定，我给你举两个例子。

第一个例子，韩国有一家公司叫SGP，专门生产iPhone、iPad的壳，人家也非常好地活着，而且风险比苹果还要小呢！

第二个例子，就是新浪微博。到现在为止，我一直认为，新浪微博堪称是一个慈善项目，因为主办方曹国伟真的没挣着钱，但是他对中国的贡献确实是巨大的。新浪微博虽然没有挣到钱，但是靠微博发起来的大V可多得是。所以，当犀牛鸟一定是坏事吗？我看不一定。

你可能还有一个疑问，我也想当犀牛，不想当这个犀牛鸟，行不行？那我就要再给你算算账，那个犀牛不是好当的。

有一个不知真假的传闻,说有一次王石请马化腾吃饭,席间,王石就说:"小马啊,你应该学学我,爬爬山,留留学,多好啊,这样对人进步有好处。"马化腾翻了翻眼皮说:"我到哈佛上一年学,回来腾讯这家公司在不在我都不知道了。"

江湖传闻,当不得真,但是我相信马化腾真就是这么想的,因为我确实听过马化腾的现场演讲。马化腾说:"在过去的十几年里,每一年我都觉得这个公司快完蛋了,但是我们都挺过来了。"没错,当基础设施完工之后,包括腾讯这样的公司在内,他们都要逃亡,向哪儿逃亡?向机会生出的机会上逃亡。为什么腾讯公司什么都要做?这就是逃亡之旅、进化之旅,他跟我们面临的处境是一样的。如果马化腾到哈佛读一年书,把公司交给别人,可能公司真的很快就完了,所以巨头有属于巨头的恐慌,这是第一笔账。

第二笔账,你以为巨头一定能挣得到垄断利润吗?不见得。有时候,垄断固然会获得垄断机会,却反而挣不着钱。比如说19世纪的美国,70%的投资都跟铁路相关,但是铁路建成以后,铁路公司反而不挣钱,机会上的机会——运输公司把这个钱挣了。甚至后来有一段时间,大家开始讨论是不是要把铁路公司收归国有。

基础设施经常会面对这样的命运。比如说,马云把淘宝这个生态搭建完后,对淘宝商户说,你们挣这么多年钱了,我是不是也得分点儿?这就是前两年的事,很多人还记忆犹新。一帮小散户就不干了,要跟他玩命。所以马云气死了,从美国回来的时候说，要在心里写五个"忍"字，才能跟他们说话。

你说马云有道理吗？当然有道理，基础设施是他搭建的。可是因为是基础设施，他就得承担很多社会责任，用一个经济学的术语，这就叫巨大的外部性。外部性巨大的时候，巨头们未必一定能讨好。

我再跟你算第三笔账，不要看百度、腾讯、阿里巴巴在国内膀大腰圆、财大气粗，恶人自有恶人磨，将来在国际互联网竞争当中，这些巨头迟早要碰到更大的巨头，什么谷歌、Facebook、亚马逊。根据互联网进化论，整个人类未来会拼接成一个大脑，所有的神经系统只能有一家独大，赢家通吃。你对国内这几家巨头还有那么大的信心吗？他们的胜算其实也未必很大。所以说，如果面对未来还有一场血战的话，你真的愿意去当那个巨头，而不愿意去当我们这些快乐的蟑螂和犀牛鸟吗？

我今天不想替任何巨头辩护，只想说，如果你相信互联网进化论，那么它真的会给你一系列的推论，去指导你眼下的商业决策和人生决策。

说到这儿，我突然想起了一个段子。有人问米开朗基罗："你雕刻的大卫真的好漂亮啊，你怎么雕刻出来的？"米开朗基罗说："不难啊，因为大卫就在那块石头里，你只要把不是大卫的那部分去掉，它不就是大卫了吗？"这就是一个艺术家式的回答。

如果我们坚信未来的互联网会形成一个全新的人类大脑，

那它现在的进化中，就有一些规律可循。我们现在只需要做一件事情，那就是存活在这个趋势里，把不是这个趋势的东西去掉就可以了，这就是我们最聪明的生存策略。

第四章

今天我们该怎么活

01 | 你因挣钱而伟大

富兰克林凭什么被崇拜

很多中国人都听过一个民间传说,叫父子骑驴。有一对父子出门办事,骑着头驴。刚开始儿子骑在驴上,父亲在地下走,很多路人就说这儿子不孝。于是,换父亲骑驴,儿子在地下走。路人又说父亲不知道疼爱儿子。俩人没办法,只好一起骑在驴上。路人又有话说了,说他们虐待畜生。

这个故事告诉我们,别听周围人瞎咧咧。

过去,我们都以为这个故事是中国人原创的,错了,这个故事的原创作者是一个200多年前的美国人,大名鼎鼎的本杰明·富兰克林。在这篇文章里,我就给大家讲讲这个人的故事,顺便也推荐中信出版社的《富兰克林传》这本书。

富兰克林这个人挺奇怪,他的很多事情你会觉得好惊讶。

比如说，他在政治上好像有非常高的地位，可他没啥职位。美国建国之后，富兰克林没有当过任何一任美国政府的高官，更别说总统了。

再比如说，美国的钞票上印的通常都是总统的头像，像杰斐逊、华盛顿、林肯，其中只有两个人没当过总统。一个人是汉密尔顿，但是人家好歹是美国建国之后第一任财政部部长，他把自己的头像印钞票上，也可以理解吧。另外一个人就是富兰克林，他反而被印在美元中面值最大的100美元那一张上，真的好奇怪。

他是革命元勋吗？在独立战争、制宪会议当中，影影绰绰能看到他在舞台上的表演。但说实话，革命战争最激烈的时候，他可不在美国，而是在欧洲当外交家。所以，他实际上并不是一个拿枪杆子的革命元老。

他在战场上出现过吗？只出现过一次，就是1776年代表宾夕法尼亚出席在费城召开的第二次大陆会议。这次会议通过了组织大陆军和任命华盛顿为总司令的决议。他跟华盛顿在一起待了一周，帮华盛顿起草了很多关于军纪的文件。比如士兵如果在站岗的时候睡觉，得抽20~40鞭子；开会的时候军官缺席，得罚一个月薪水；如果开会的时候士兵缺席，要关7天禁闭，7天之内只准吃面包和水；等等。他就好像是一个师爷的角色。在革命战场上，他老人家就出现过这么一回，但他居然被当作革命元勋！

富兰克林还有另外一个角色，就是科学家。我们小时候都

第四章
今天我们该怎么活

听过一个故事，老师告诉我们的：富兰克林是电学的先驱，他曾经在一个雷雨交加的夜晚，带着他的小儿子威廉·富兰克林去放风筝，要把雷电里的电引到地上来。他就是这么一个科学家。

可问题是，电学的所有的创建者里面又没有他，比如说瓦特，他好歹发明了个蒸汽机。富兰克林有什么呢？我告诉你他发明了什么，比如安乐椅（就是摇椅）。还有老花镜，还不是单纯的老花镜，是那种低下头来看是老花镜，抬起头来看是近视镜的两层眼镜。他还发明了导尿管，发明了一种非常节能的炉子，还有我们游泳的时候用的泳镜和脚蹼。这些鸡零狗碎的发明对人类有什么重大贡献？你也好意思叫一个科学家？

再说做生意，富兰克林确实也是一个生意人，开了家印刷厂，生意也做得不错。美国历史上有两个著名的大亨，一个叫卡内基，一个叫梅隆，他们俩都奉富兰克林为自己的精神导师。卡内基讲过一句话："如果不是看了富兰克林的自传，我根本就没有勇气走出家乡，开始我的创业路程。"梅隆更夸张，在创业成功之后，居然在自己的银行总部大厅中塑了一尊富兰克林的雕像。这两个家伙都富可敌国，富兰克林呢？只不过是一个印刷厂的小老板。为什么他们如此推崇他？这也很奇怪。

再说文学，美国文学史上有富兰克林的地位吗？没有，翻遍西方文学史、美国文学史，都找不到他的作品。可是美国著名的大作家马克·吐温居然说富兰克林是他写作上的导师，这事又是很奇怪。

花花公子的罗曼史

富兰克林就是这样充满了悖论。如果他生活在今天的中国，我们把他的私德一亮底，他在微博上就得被人骂死，为什么？性欲太旺盛。

富兰克林年轻的时候，跟好基友拉尔夫两个人相约闯天下，去了伦敦。拉尔夫很快爱上了一个卖帽子的姑娘，两个人成了男女朋友。后来，拉尔夫穷得活不下去了，只好到乡下找了一个家庭教师的职位，与女友洒泪而别。拉尔夫一看旁边还站着好朋友富兰克林，就说我这女朋友拜托你多照顾了。这情景有点像传统对口相声节目《托妻献子》。结果拉尔夫前脚刚走，富兰克林就开始勾搭人家的女朋友。拉尔夫知道后就跟他断交，欠他的钱自然也不还了。

跟拉尔夫断交之后，富兰克林就在伦敦和各种女人鬼混，还生了一个私生子，这个人就是跟他在暴风雨的夜晚放风筝的那个孩子——威廉·富兰克林。后来这威廉长大了，学他爹的样儿，自己也生了一个私生子，富兰克林的孙子也生了个私生子。所以，富兰克林家三代都是私生子。

年轻的时候有点荒唐可以理解，结婚之后是不是会好一点儿呢？其实也没好。富兰克林的老婆叫黛博拉，结婚没几年，他就把她放在美国的费城，自己跑到伦敦去当谈判大使去了。

到了伦敦不久，他就和房东太太好上了。黛博拉死的时候，他都没有回去看一眼，就是这么薄情寡义。

年轻的时候激素分泌比较旺盛，老了是不是就好了呢？没好。他75岁的时候，正在做美利坚合众国驻法国的第一任大使。他在法国有一个朋友，是一个大名鼎鼎的思想家，叫爱尔维修。这一年爱尔维修死了，他发现机会来了——爱尔维修的太太不错，于是就展开了猛烈的追求攻势。

这攻势包括，他写了一个小故事，大意如下。有一天我到天堂看见了爱尔维修，问他现在过得怎么样。爱尔维修说："挺好的，我在天堂里结婚了。""哎呀，那赶紧把夫人请出来看一眼吧。"请出来一看，我大惊失色，原来是我老婆黛博拉。而且黛博拉跟我讲了一番很绝情的话："我跟了你那么多年，你也应该知足了，从此之后我就跟爱尔维修在一起了，你不要来找我了。"

他就拿着自己编的这个故事跑去找爱尔维修的夫人，说他们两个人在天堂里快活，我们报复一下他们，我们也结婚好不好？那个时候他已经75岁了。

"第一个美国人"

按说这个人既算不上伟大，私生活又不检点，能有啥历史地位呢？但是美国第三任总统，著名的杰斐逊就讲过一句话：

"令我最尊敬的有三个人，第一个人是本杰明·富兰克林，第二个人还是本杰明·富兰克林，第三个人还是本杰明·富兰克林。"

富兰克林在美国历史上有一个称号，叫"第一个美国人"。如果不算原来的印第安人的话，第一个美国人怎么也得是1620年登陆北美大陆的"五月花号"的船员啊，怎么轮得到将近100年后的富兰克林呢？他凭什么拥有这样的历史地位呢？

这个疑问可在《富兰克林传》这本书中得到解答。这本书另辟蹊径，从另一个角度告诉我们，富兰克林之所以拥有这样的地位，就是因为他不伟大，他是每一个普通美国人都可以效仿的榜样。一个不伟大的榜样，他身上有什么样的特质呢？听到这儿，你可能已经开始对这个人感兴趣了。

下面，简单给大家讲一下富兰克林这个人的生平。他生于1706年，小时候很穷，42岁的时候算是创业成功，有了一点儿家产，然后就把生意交给了他的合伙人，从政去了。那个时候还没有美利坚合众国，所以只能当邮政部的部长、州议会的议长这种职务。

到了56岁的时候，他代表美国的13个殖民地，跑到大英帝国的首都伦敦，跟英国政府谈判，从此开始了他的外交官生涯。一直到美国建国前夕，他回来参加了大陆会议，参与了多项重要文件的草拟。1787年，已经退休的本杰明·富兰克林出席了修改美国宪法的会议，成为唯一同时签署美国三项最重要法案文件的建国先贤。这三份文件分别是：《独立宣言》、

1783年的《巴黎条约》，以及1787年的《美国宪法》。

富兰克林算是美国第二代移民。他的父亲是一个清教徒，在英国混不下去了，于是躲在一艘军舰上漂洋过海，在美国登陆。其间没吃没喝，他整整忍了9个星期。那时候，美国就是一个大农村，什么都没有，他登陆的地方叫波士顿，如今哈佛大学、麻省理工学院都在那里，但当时就是地道的乡下，甚至还有印第安人在旁边虎视眈眈。

他父亲除了务农之外，还做些蜡烛、肥皂去卖，勉强能维持生活。清教徒的生活被描述得特别美好：全家人带着纯真的信仰，白天劳作，晚上孩子们簇拥在父亲的身边，听他读《圣经》。其实哪有田园诗般的美好？每天要非常辛勤地劳作，终年还食不果腹，他们家基本就是这么一个情况。

对于清教徒来说，日子再苦，依然要虔诚地信仰上帝，天天向上帝求助。别看富兰克林出身于这样一个清教徒的家庭，但他是不怎么信上帝的，他甚至跟他爹讲过一句话："你向上帝祈祷，还不如向我们家装食物的那个桶祈祷呢，好歹还省点时间。"

他这一生没有明确说过自己不信仰上帝，但是他确实认为信仰对他来说是一个可有可无的东西。比如说，他临死的时候，有人问他："你信不信耶稣？"他说："这个事我有点怀疑，但是我没做过研究，所以不能武断地下结论，但是没关系，我很快就会知道真相了。"

可是，如果说他不信上帝呢，他又经常给教堂、各个小教派捐款；如果说他信上帝呢，他甚至还给犹太教的教堂捐款。《富兰克林传》这本书上就有记载，他给一个犹太教堂捐过5英镑。他到底是不是一个纯洁的清教徒？谁也说不清楚。

在清教徒的系统当中，大家是充满了焦虑感的，"我有罪，我死后能不能上天堂？""上帝能不能拯救我？"每天都在自省，把自己有的没的罪过都拿出来忏悔。可是在本杰明·富兰克林这一生里，我们看不到一点点这种纠结，这是个一辈子过得很快活，经常说一些小段子，甚至是一些黄段子的老头。

他不信上帝，那他信什么呢？富兰克林一辈子就信一样东西：信自己，信自己的奋斗。

富兰克林一生当中最重要的一本著作叫《穷理查历书》，这本书在西方可以说是尽人皆知。那个时候很多人不识字，出版业又不发达，一本书一年能卖个三五百本就已经很不错了，而这本书居然卖了一万本，这在当时真是一个天文数字。据说，现在这本书总共有1300多个版本，有时候卖得比《圣经》还好。

这本书的主人公穷理查是富兰克林虚构出来的一个人物，整本书就是这个虚构人物的流水账，就是一本日记。今天刮风还是下雨，街上流行什么八卦新闻，我又听说一个什么新段子，就是这么一些东西。

它有什么思想性吗？要说有也只有一条，这本书讲了一个浅显的道理：如果一个人又能挣钱又不花钱，这不仅是积累财

第四章
今天我们该怎么活

富的手段,也是他培养自己美德的手段。说白了就是一句话:能挣钱又抠门的人,就是一个大好人。

这算什么歪理?可是,在当时清教徒盛行的那种宗教氛围下,这本书的作用可是太大了。

所谓的宗教改革,就是出版业兴起之后,《圣经》得以大量印刷,有一帮人说,我们也可以读《圣经》了,为什么要靠罗马教廷和上帝进行交流?我们可以直接按照自己的想法信仰上帝。兴起的新教教派中最著名的就是加尔文教派,他们跟信徒们讲,你们这些人将来的命运是上天堂还是下地狱,上帝其实早就给你们定好了,所以别瞎耽误工夫,你们就过圣徒般的生活,打内心里开始体验就好。最后上帝会给你们发信号,少部分人被上帝拣选上天堂,剩下的人下地狱,所以不用努力。

这个逻辑有一个缺环,我作为一个在尘世中生活的人,怎么知道将来是上天堂还是下地狱呢?你总得让我看到一个刻度表,告诉我上天堂的概率是多少吧?

富兰克林正好补足了这一环。他说有一个东西叫Calling——召唤,也叫天职。上帝在人间有很多财产,穷人看着一部分,富人看得更多,仅此而已。这个刻度表就是你银行存折上的数字,挣的钱越多,就意味着替上帝看管的财产越多,这就是上天堂的信号。这跟基督教原来的教义——"富人上天堂比骆驼钻针眼还要难"正好相反。

在我们听来这是歪理,当时可是解决了一个大问题,因为在清教思想盛行的美国,很多年轻人的人生没有了要努力的意义。

对年轻人来讲，奋斗这事儿是需要找到一个意义的，富兰克林这一套歪理就实现了这一点。虽然是基于在进化过程中我们形成的那个贪婪的欲望，但是没关系，他为每一个人在尘世间的奋斗、挣钱找到了一个宗教上的解释。这事儿的意义太重大了。

后来，著名的社会学家马克斯·韦伯，写了一本书叫《新教伦理和资本主义精神》，里面大段大段地引用《穷理查历书》当中的文字。韦伯发现，正是这种新的伦理方式，支持了"工业革命之后，整个资产阶级拼命挣钱的同时，内心又不缺乏信仰"这个矛盾。

如果说富兰克林这个人有什么思想上的贡献的话，就这么点贡献。可是把这个贡献翻过来一看，可就要了命了，说明这个人没有远大的理想，没有纯真的宗教信仰，用今天的话说，就是这个人没有情怀。他每天的注意力都在自己这盘生意上，要把生意越做越大，这样我替上帝看管的财产就越来越多，将来上天堂的机会就越大。没准儿在他心里，这就是个幌子，他就是个奸商。

做个奸商又何妨

在《富兰克林传》这本书里，我们真的能看到，富兰克林

第四章
今天我们该怎么活

身上有很多奸商的特征。比如说，富兰克林十几岁的时候，正值近代新闻业在英国兴起，他一看这玩意儿也不难，就跟哥哥办了一份报纸，叫《新英格兰报》。

可是内容从哪儿来呢？那个时候也没有记者，他就自己写文章。可是他不能直接署名，就伪装成一个名叫杜古德的乡村老寡妇，经常给报纸投稿。

那写了点什么呢？这老寡妇说，我年轻的时候恋爱得多么热闹，我们村的牧师怎么追求我，村里最近有什么热闹事，等等。这些内容文风幽默、平实，对话也比较小清新，所以读者还挺喜欢的。为什么马克·吐温说"我的文笔要拜富兰克林为师"？就是这个原因。

后来，他的报纸办得越来越大，不满足于在老家办了，他就跑到费城去办。费城当时是个大城市，他有两个竞争对手，我们就称其为一号对手、二号对手。富兰克林的策略是，先匿名跑到一号对手的报纸上去骂二号对手。一号的老板肯定欢迎啊，反正是骂对手嘛。富兰克林也真挺会骂的，居然把二号对手给骂破产了，最后不得不把报馆卖给了他。

于是，富兰克林就拥有了第二家报馆，接着就要反过来骂一号对手了。他骂得很巧妙——他开设了在世界新闻史上也算是首创的一个专栏，叫读者来信。读者来信其实就是他自个儿编的，杜撰了一个人名，经常给富兰克林办的报纸挑错。富兰克林立马温和、谦逊地承认错误，说我们这个单词确实拼错了，我们工作不认真，我们向你道歉，等等。然后这个读者又来信了，说你看那个一号报纸的老板，就死不认错，是一个极端不尊重读者的人。他就用这种手段，一来二去，也把一号对手给骂垮了。

这就坐定了他是一个奸商。但是请注意，任何在历史上留下大名、受人尊敬的人，虽然有为人不齿的一面，可是也一定有其光明的一面。

商人，就要对自己狠一点儿

在《富兰克林传》这本书里，我们就可以看出很多商人共有的光明特质。

第一个，对自己要求极端严格，自己也非常勤勉。这是我的很多商人朋友共有的一个特征。因为做生意嘛，过眼之处到处都是商机、都是钱，你要不使劲去捡，怎么能够发家致富呢？

中国古代的很多士大夫有一个修身的方法，叫"功过格"，就是拿出一张纸，画两列格子，左边记功，右边记过。这可不是事实上的功过；起心动念都要算，看见一个乞丐心生怜悯，这也叫功；看见一个姑娘，想打人家主意，这也叫过。每天就这样苛求自己，以求得道德上的一点点进步。

富兰克林无师自通，也用了中国士大夫的这一招。不过他的"功过格"搞得特别复杂，横的一列7个格，为一周7天设定的；竖的一列有12个格，写了12种他特别认可的品德，比如诚实、正直、意志坚定、干净整洁等。这里面可没有什么爱国主义那一套，只是他认为一个绅士、一个好的商人应该拥有的品格。每天，他觉得这件事做得不对，就在里面画一个小点，积累一周下来再检查自己到底犯了多少错误。他还经常拿着自己这一周的成绩到处嘚瑟，给朋友们看——你看我这一周几乎没有什么黑点，这一周我对自己特别满意。

他在做生意的时候也特别勤勉，甚至勤勉到了让周围人都觉得不可思议的程度。比如说，富兰克林的一个邻居曾经在一份文件里讲过，说每天早上他起床的时候，富兰克林先生已经在工作了；他下班之后去俱乐部玩完回家的时候，他还在那儿工作。

《富兰克林传》里还记载了一件事。当时，还没有发明铅字，还在用活字排版，富兰克林就要求自己，每天要在印刷厂排好版才能下班。有一次他临下班的时候，一不小心把排好的版全部给打碎了，怎么办？第二天再干就来不及了，他连夜又重新排了一遍。

在富兰克林一生的事业中，我们都可以看到一个勤勤恳恳的影子。有人可能会说，为了自己发财这有什么了不起的？

那让我们再来看看他性格中的第二个光明特质，就是对未来充满了好奇心。

这也是我所有商人朋友共有的一个特征。我在各个商学院、各种商业演讲场合，看到的黑压压的人群，里面基本都是小生意人。他们对未来世界、对不确定的那个世界充满了旺盛的好奇心，因为他们知道后面都是钱嘛。

富兰克林也一样。这就可以解释为什么在科学史上，富兰克林这个人好像有其地位，但他又不是大科学家，因为他对科学的终极真理没有什么兴趣，他只是从自己的生活出发，看见一个事物就手痒，就想上去改造它一下；看见一个自己不明白的东西，就想问个究竟。

所以，富兰克林那个长长的发明名单里，简直就是一地鸡毛，非常之细碎。除了前面讲到的避雷针、安乐椅，改造了个炉子，发明了导尿管，他还是全世界牙科大夫公认的祖师爷，还发明了农业用的那种颗粒化的肥料，甚至改造了纸币的防伪技术。

因为他特别热爱植物学，有一次看植物学图谱的时候发现，植物的叶子里面的花纹很有意思，所以他就把类似叶脉的花纹印在了纸钞上，提高了纸钞的防伪技术。这就是100美元上面要印他头像的原因。除了他的历史地位特别崇高之外，还因为他是印刷美元的第一代印刷厂老板。

富兰克林就是这么一个好奇心爆棚的人。

不认死理，只认利益

作为一个商人，富兰克林性格中的第三个特点，就是他

第四章
今天我们该怎么活

没有终极目标，只忙着算账。算账可以说是商人根深蒂固的习惯。

《富兰克林传》里讲了几件小事，在今天听起来好像富兰克林道德上有值得挑剔的地方，但是对于一个商人来说，这是再正常不过的，他们能把世界上的万事万物都变成锱铢必较的生意。

比如说，他25岁结的婚，结婚之前，他曾全世界地寻摸媳妇。他的一个朋友，也是他的房东，就把自己的外甥女介绍给了他。他一看这个姑娘还不错，但结婚也是个买卖，所以他就提出来：你要想嫁给我，得有陪嫁。也不多，100英镑。

在当时这也是一笔不小的数目，人家姑娘拿不出来，他就跟姑娘的家人商量，要不把你们家的房子抵押了吧，这样就可以凑得出100英镑了。最后当然闹翻了，这是他第一次找媳妇的经历。

他后来的老婆黛博拉其实是他的旧情人。那时候，黛博拉的老公刚好死了，他就想把她给娶回家，但是其中的利益关系他算不清，所以又拿出一张纸来，用"功过格"的形式，把娶这个女人的好处、坏处都列出来，然后做数学题。原则就是，一个好处和一个坏处，如果差不多，两个都删掉，最后看哪列剩得多些，以此来决定娶或不娶。看，他在婚姻大事上都是用这种商人般的计算来对待的。

一个人怎么能这么市侩呢？要知道，算账这个习惯在某些场合也是好事，因为他不认死理，只认利益。

《富兰克林传》中还讲了一个例子。大家都知道,美国第三任总统杰斐逊,堪称少年才俊,他起草著名的《独立宣言》的时候,只有33岁。在此之前,他就已经把欧洲大陆的很多政治著作都记得滚瓜烂熟了。

杰斐逊刚接到这个任务的时候,觉得自己人微言轻,不太好意思,正好富兰克林也住在费城,跟他家就隔一个街区,所以就哆哆嗦嗦上门请教:"老人家,要不你来执笔起草这份文件?"富兰克林说:"不行,我是个商人,我干不了这种宏观架构的事,还是你来吧,你年轻。"

杰斐逊回家之后就笔走龙蛇,把这篇著名的文章给起草好了,然后送上门让老先生给改一改。富兰克林好歹也算是个作家,也不好意思不改,拿起笔找了半天,也没找出几处需要改的地方,也就改了一处算是比较重要的,就是开头第一句话,也是《独立宣言》中最著名的一句话。

杰斐逊的原稿里面写的是:"我们认为以下真理是神圣的,无可辩驳的。"富兰克林一看,太啰唆,就把俩形容词给删掉了,改成"我们认为以下真理不言而喻"。这句话在美国历史上非常著名。

这一老一少把文件起草好,就送交了大陆会议去讨论。你想,其他殖民地来的人,谁认得他们俩是谁?所以开会的时候就各种争论,把原始的起草文件做了大段的删改。

当时,杰斐逊年轻气盛,就坐在那儿生闷气。富兰克林老爷子就说:"我给你讲个段子好不好?"他这一辈子就这样,段子张嘴就来。

我年轻的时候，我家附近有一个做帽子的商人，叫汤普逊。有一天，汤普逊做了一个广告牌出来，上面写着："汤普逊，帽商，制作并现金出售帽子。"旁边还画了一顶帽子。然后让自己的朋友来指点。

第一个朋友说，你不就是做帽子的嘛，写什么"帽商"，把这俩字抠掉吧。

第二个朋友说，谁关心这帽子是谁制作的？把"制作"这俩字也抠掉吧。

还有个朋友说，什么"现金出售"，你从来也不赊账嘛，我们这儿也没这传统，这俩字也应该抠掉。"出售"这俩字也多余，肯定不会白给嘛。

最后，大家居然认为"帽子"这个词也是多余的。你不是已经画了一顶帽子吗？所以，这个广告最后就变成了三个字"汤普逊"，旁边画了一顶帽子。这是最好的广告。

富兰克林就跟他讲："你生什么气啊，文章就是这么改出来的，改到最后一个字不剩才是好文章。"这就是商人的思维。

对于杰斐逊来说，他刚开始是在捍卫自己的理想，但是真遇到别人批评他的时候，他就是在捍卫自己的自尊了。

可是对一个商人来讲，他只管这件事对不对，往前怎么走，是不是触及了他的自尊其实不重要。

很多政治上的交易，都得靠商人的这种精神来达成。尽管我们平时都不太看得起商人，但是富兰克林身上这种商人的特质，从美国独立战争一直到制宪会议期间，起到的作用真的是很惊人。

他起到的作用主要就是两个方面。第一，用商人式的计算来搞定各方面的人。刚开始，他这套做法还挺讨人厌的，因为美国的独立战争最后已经演变成了一种意识形态上的是非之争。当时，英国人和它的美国殖民地的小弟兄们一起打赢了法国人。对于大英帝国来说，我刚帮你们美国人打赢了一场七年战争，打仗是要花钱的好不好？我替你们打这场仗欠下了1.4亿英镑的国债，所以你们象征性给我交一点儿税吧。更何况，我大英帝国还派了1万名士兵保护你们美洲人，因为印第安人还是边患嘛。

其实一年也就11万英镑，对于伦敦的那些官老爷来说，这就是个交情。我们花钱保护你，你好歹交一点儿税。这是英国方面的理。

可是美国这方面的理是"无代表不纳税"，我在你们大英帝国的议会里面又没有代表权，凭什么交税？

双方越杠越紧，最后才导致了独立战争。所以，独立战争是双方都认死理的产物。

这个时候，富兰克林在干吗？他正代表13个美洲殖民地在伦敦和英国政府谈判。他的商人特性正好派上了用场。他在伦敦成天就左手拿着个小本，右手拿着一支笔，满议会追着那些

第四章
今天我们该怎么活

议员和首相算账。

他跟他们说:"你们一年才收11万英镑,却搞得这么鸡飞狗跳,不划算的。去年我管邮政,发现美洲殖民地邮件的数量都降低了30%,把经济搞坏了,对谁也没有好处吧。"

独立战争爆发之后,他又追着这些人算账:你们这一仗打赢了,可是花了多少钱?600万英镑,你们不过才打死了150个美洲人,分摊到每个人头上,就是2万英镑。与此同时,美洲还出生了6万个婴儿,你算算看,你若把美洲人全部搞死,搞不搞得起?

这种做派其实英美两边都不讨好,因为他们是是非之争,你却非要拿出一个商人的逻辑来算,双方都觉得你跟我不是一头的。英国人觉得,你就是在替美国人说话,后来甚至还要在法庭上审判他,搞得他官也做不成了,只好灰溜溜地回到美国。

他回到美国之后,也不受美国人待见。美国人觉得我们都是革命家,我们有理想,我们要独立,可你这个老头儿一开会就在那儿打瞌睡,你是不是英国人派来的间谍?所以,那时候其实是他人生的最低谷。

可是在美国独立战争期间,谁最重要?凭良心说,真的就是富兰克林最重要。你可能会说,这不是胡扯吗?肯定是华盛顿最重要啊,要不他怎么被称为"国父",做了第一任美国总统呢?

华盛顿是重要,但是华盛顿被任命为总司令,刚开始带领大陆军打仗的时候是打不赢的。你想,一群拼凑起来的散兵游勇，军纪也不行，怎么打得过正规的英国军队呢？所以美国人连吃败仗，被英国人追得乱跑。华盛顿手下最得力的一个将军阿诺德还叛变了。那个时候，英美其实是一家，在美国本土，很多人都是向着英国这一边的，所以叛变并不牵扯到民族气节的问题。

阿诺德一叛变，让华盛顿山穷水尽，他就给富兰克林写信，富兰克林这时正在法国找法国人借钱呢。华盛顿的信写得非常简单，大意就是：如果你借不到钱，我这边就要完蛋，就得求和了。

富兰克林就有这个本事。跟法国人讲什么民族气节、自由大义，法国人搭理你吗？最后还不是靠商人的计算！算来算去，他真的就从法国人那儿借到了600万里弗尔（里弗尔是法国的古代货币单位），还把法国的军队也给搬来了。

英国人是怎么被打败的？说白了，就是靠富兰克林搬来的法国救兵。法国人又出钱又出人，最后里应外合，和美国人一起把英国人给干掉了。从这段历史看，你能说富兰克林不是独立战争的最大功臣吗？而这个功劳靠的就是他的商人本性。

要知道，刚开始美国派了俩人去法国巴黎借钱，一个是富兰克林，还有一个是后来的美国第二任总统亚当斯。当时，亚当斯是个独立的志士，天天呼喊革命口号，在美国大名鼎鼎。

可是去了巴黎，谁还认得他啊？不就是个美国乡巴佬吗？又穷，而且远隔重洋，法国人为什么要管你们的事情啊？

富兰克林和亚当斯这两个人的做派完全不一样。亚当斯

第四章
今天我们该怎么活

是一个美国乡绅,天天喊口号,一见面就跟人掰扯道理,行为举止非常严谨。而富兰克林呢,他就是个老好人,明明是个秃头,却又不戴当时流行于欧洲的假发,天天戴着顶皮帽子,还戴了副眼镜假装很有学问,穿着一身很普通的外衣,到处跟人吃饭,赴各种各样的饭局。

所以,亚当斯当时特别看不上富兰克林。他还写过一段话,说这个富兰克林早上起得挺迟,等他吃完早饭的时候,上午也就过得差不多了。然后他就开始见客,见各种乱七八糟的人,什么哲学家、音乐家,还有翻译出版他著作的出版商,以及一些慕名而来的女粉丝。这个老不正经的,一聊就聊到下午或傍晚了。然后,他掏出个小本一看,今天晚上要赴哪个饭局,就吃饭去了。这一顿饭吃完,不是9点就是12点回来,然后第二天又是睡大觉。我们是来救国的好不好?

富兰克林就是一个不讲原则的人吗?他的商人本性在该讲原则的时候可是一丝不苟。比如说,当时美国人没收了很多倾向于英国人的财产。亚当斯就说:"按道理这个钱我们一定要还回去的。"富兰克林就认为,还什么还?这种钱是不能还的,借的钱哪有再还回去的?所以你看,他讲原则的时候,那个原则也是商人的原则。

但是,我们要知道,只有富兰克林在法国才能玩得转,因为他的祖国不能给他伟大的背书,所以他在巴黎结交了很多朋友,包括德高望重的伏尔泰,两个老头儿的见面拥抱,一时传为佳话。后来,很多法国人都成了他的拥趸,所以他才有本事从法国人那儿把钱借出来。

全世界最伟大的和事佬

商人除了爱钱之外，还相信一件事：和气生财。制宪会议期间，几个州每天为各种各样的事情争论不休，富兰克林在当中起什么作用？那时候他已经年过八十了，每天都颤颤巍巍地来开会，但是他没什么理想，也不提什么观点，就当个和事佬，力求双方不动气、不闹崩，时不时再给大家说点儿段子缓和一下气氛。富兰克林扮演的就是这个万人迷的角色。

所以，富兰克林的商人本性，他的算计，他的连接的能力，他的和气生财的本能，真的造就了美国这样一个伟大的国家。

这位200多年前的美国人本杰明·富兰克林，在1790年的4月17日夜里11点与世长辞。他活了84岁，他死后，费城有两万人出城为他送葬。按照当时的人口，基本可以算是倾城而出了，而且大家自发地做了一个决定，为他哀悼一个月。

当时，还有一件很奇怪的事情，因为美国人信奉新教，所以小教派林立，各个教派的牧师老死不相往来。但是，费城所有的牧师，不管是哪个教派的，都出席了富兰克林的葬礼，可见这位老人家在当时美国人心目中的崇高地位。

他死后，留下了一笔庞大的精神遗产，但这笔遗产是对还是错，在当时很有争议。《富兰克林传》里就引述了一段当时人们对他的批判。你不就是个商人吗？你从来也不关心我们通向天国的金光大道，你只关心费城街面上的鹅卵石铺得整齐不整齐；你从来也不关心自己的灵魂要不要得到拯救，你只关心组织一个消防队，来保护邻居的房产不要被火烧掉；你表面上好像还关心天上的闪电，其实你更关心街上的路灯。像这样的人，你是贴地爬行的，你这样的人根本就不理解人类志愿的真实本质。

这和我们如今批判商人的口气是不是一模一样？但是我今天要跳出来说，富兰克林哪里是你们想象的那样的一个人？

他表面上不是什么大科学家，但是他桩桩件件的发明，启发了一代又一代人类的精英。

他也不是什么伟大的政治家，可是他用他的外交才华，数次拯救了美国。

他好像也不会搞什么制度设计，但是在他的连接作用下，却创建了一个从来没有的政治制度。

他好像也不是什么盖世英才，可是他当年做的那些公益事业，直到今天还在起作用。

他好像也没有什么伟大的理想，但是他的奋斗、勤勉，激励了一代又一代的美国年轻人，成为他们的榜样。

这样一个人，难道我们不应该对他重新思考、定义吗？

挣钱是世界上最体面的生活方式

中国改革开放30多年，我们的经济规模可以说是已经达到世界前几位了。可是你不觉得，中国到现在也没有一套让商人们能够挺直腰板、理直气壮为自己说话的价值观吗？很多商人都觉得，我挣钱好像亏待了谁。

挣钱是世界上最体面的生活方式。

所以为什么我们有信心，要卖这本书，除了挣钱之外，《富兰克林传》值得所有的中国年轻人买回家读。尤其是那些长者，我建议你们真的要把这本书推荐给那些年轻人。在他们价值观形成的时期，读一读这样的书。这本书非常好读，全是段子，各种各样的小故事。而且读完之后，我觉得三观会多少正一点儿。

我们的年轻人在一些长辈的引导下，爱讲一些大道理："我有爱国情怀，我为了钓鱼岛可以和日本人拼了！"但是他们不勤奋工作，却在家里啃老，你觉得他的人生有什么光明面可言吗？

读完了富兰克林这本传记之后，我深深地感到，他不仅仅应该成为一代又一代美国年轻人的榜样，也应该成为我们这个古老的国度、一个在市场经济中艰难实践了30多年的国度的年轻人的榜样。

第四章
今天我们该怎么活

　　和富兰克林的一生相对照，我觉得有四个目标，我们是那样的相似。虽然我未必做得到，但是我心向往之。

　　第一个目标，保持旺盛的好奇心。我们在这个世界上一走一过，有多少时间？我们不应该奋力地推开那些蒙昧之墙，让自己的视野变得更宽阔，对陌生的知识充满好奇吗？不管我们知道的是对还是错，至少我们应该做到，我们不忽悠别人，但也绝对不能让别人把我们当傻子忽悠了。这就是好奇心的好处。

　　第二个目标，多挣钱，正当地多挣钱，让自己的父母、妻子、孩子过更好的生活，有能力去帮助自己的朋友。

　　第三，用有趣的方式获得自己的社交生活，并且在朋友中，在帮助过自己的人中赢得尊重。

　　第四，在行有余力的情况下，勤勉地去做一些最具体的事情。

　　保持旺盛的好奇心，取得正当的财富，赢得他人的尊重，做最具体、最实在的事情，而且勤奋地去做，而不去空谈大道理。这就是我认为的最有尊严的生活。

02 | 大家都有拖延症

拖延症三大要素

话说蒋经国先生临终的时候，躺在病床上已经奄奄一息了，旁边的副官们就问："老先生，你的接班人还没有定呢，你得赶紧定，不能再拖了呀。"

老先生说："还得拖一会儿，你等会儿……"然后就咽气了。旁边的人就说："哦，原来老先生指定的是李登辉。"他们把"你等会儿"听成了"李登辉"。

这个笑话比较冷，不好笑，但引出了我们今天要说的话题，就是拖延症。

有一本书上说，拖延症患者占总人口的70%～80%，这就是胡说八道。据我看，应该是百分之百的人都有拖延症。

你自己想一想，是不是有一本书买回家后，到现在塑封都没拆，还搁在书橱里？如果有，这就是拖延症的症状。

什么是拖延症？就是你明知道这件事该干，但是你就是拖着不干，而拖着不干的同时，心中还有强烈的焦虑感和负罪感。拖拉、焦虑、负罪，这三条凑齐了，就叫拖延症。

很多人说拖延症不是懒。对，确实不是懒，如果单纯是懒，那就仅仅会拖拉，而没有负罪感和内疚感，就叫没心没肺、没皮没脸，就是懒汉一条，我们不跟这种人谈什么拖延症。

拖延症是明知要干，但就是没有办法让自己开始干。

我看过一个段子，说有一个人，某天晚上终于要开始做创意方案了。他回到家打开了电脑，想想这个工作这么重要，决定要先调适好心态。所以他先吃了一碟瓜子，又啃了一只鸡爪，接着吃了三个巧克力派，身体调整得不错，但是心情还没调适好。于是，他又洗了一个澡，洗完之后擦了一遍爽肤水，又擦了三遍爽肤露。他又觉得这个氛围还不太对，便给自己泡了一壶香香的菊花茶。终于可以心如止水了，然后，他看着那个打开的word文档，睡着了。

这就是典型的拖延症。

拖延症是不能治愈的

怎么跟拖延症做斗争呢？我浏览了能找到的所有关于拖

延症的书，觉得都不靠谱，发现它们就一个宗旨：只要你说有病，我们就敢说能治。

方法是什么呢？所有关于拖延症的书，基本上结构都是这样的：首先吓唬你，告诉你拖延症有多大的危害；然后告诉你拖延症分几种，拖延症的病因是什么，一通云山雾罩；最后应该落实到怎么治疗上了。这时，乐子就来了，一堆不靠谱的方法。

有人告诉你，拖延症就是注意力不集中，所以你要把QQ关掉，把音乐关掉，把电脑关掉，别去玩游戏了，那不就治好了吗？

还有人说，拖延症就是不会管理时间，你得学会管理时间，把自己的时间表掐好，先把大任务分解成小任务，然后按照自己的时间表一点一点地完成。

最奇葩的一本书叫《番茄工作法》，说一个番茄时间是25分钟，你给自己设一个闹钟，在这段时间里绝对不要让任何人打扰你，这25分钟专心致志地干一件事。一个番茄时间结束了，再做另一个番茄时间的事。

如果我能做得到以上这些，还叫拖延症患者吗？就像是减肥，很多人都说，减肥还不容易？管住嘴，迈开腿，少吃多运动。可这样简单的方法，有几个人能做到呢？

其实很多心理问题，都有点像沙漠植物，你看着露出地面的就那么一点点，好像是癣疥之疾，但是如果你往地下扒，就会发现它的根系非常粗壮，而且盘根错节，扎在地层深

第四章
今天我们该怎么活

处。沙漠里缺水，水源又很远，它要想够到水，就得拼命往下扎根。

减肥、拖延症这些问题，就好像是沙漠植物，表面上看起来就是人的一个小毛病，可是它在人的心理层面扎根是非常之深的。说白了，我们现在的心理学、生理学的一系列知识，距离剥开这些病症的神秘面纱可能还远着呢。

所以我才说，这些病的治法都是不靠谱的。这还让我联想起一个东西，就是我所谓"妈妈式的唠叨"。很多妈妈在扳孩子的毛病时都会这样说："你不认真学习，那你要认真学习啊；你上课不听讲，你得认真听讲啊；你考试粗心，那你得细心啊；你做事鲁莽，你别那么鲁莽了，好不好？"

很多妈妈都说，孩子不听自己的。废话，因为没用啊。

拖延症到底是不是一种病

要知道，所有人的行为都是一个心理现象的表层的呈现而已，你不解决他内在的、深层的心理结构问题和他的认知格局问题，想原路把他往回掰，能掰得回来吗？

很多人会说，减肥也有成功的呀。没错，但是减肥成功的人都没有告诉你，他减肥成功的真正原因。我就有一个生活经验，所有中年已婚男人，如果突然开始往健身房跑，开始减肥。我告诉你，他十有八九是恋爱了，只不过他已婚了，所以没法告诉你他爱上了谁。几个月之后，发现大变活人，他怎么突然瘦了十公斤呢？我告诉你，没准儿他背后的整个心理格局已经发生了变化。真正的问题不在于他减肥成功了，而在于他已经是另外一个人了。

人类历史上经常发生这样的事。外在地设定了一个标准，然后认为自己现在这个方式是错的，自认为这叫病，然后来治。我告诉你，人类历史上好多东西都被当作过病，比如说左撇子。中国大多数左撇子从小就被家长矫正过来了，他们如今都是用右手写字，这就是从小矫治的结果。你说用左手写字有什么问题，不纠正又会怎样呢？

再比如说同性恋。同性恋一直被当作一种病去治疗，直到现在还有好多医院声称：我们的门诊可以治疗同性恋。出的招那叫一个损，说你要在手上绑一根橡皮筋，一旦看见同性有感觉，就弹自己一下。很多人把自己的手腕弹得通红，但同性恋还是同性恋。

美国最大的反同性恋团体主席钱伯斯，是一名坚定的反同性恋者。其实他本人就是一名同性恋者，但他靠崇拜上帝、靠"信仰的力量"治好了，恢复正常了，并娶了妻子。他就认为同性恋的反面不是异性恋，而是神圣。所以，他创建了由260间教堂组成的同性恋治疗机构"出埃及记"（Exodus），声称可以靠祈祷治愈那些非异性恋者。

2013年7月，他终于主动承认："我受男人吸引好多年了……"并向所有被他的言论伤害过的人道歉。他终于认识到，同性恋是无法治愈的。"什么同性恋能够治疗都是骗人的，我从没看过人成功转性！"就是说，所有声称能够治疗同性恋的方法全是骗术。

你可能会说，就算拖延不是病，它总是个问题吧？既然太行山落在了我家门口，那我就得愚公移山，得把它搬开呀。那怎么解决这个问题呢？

把拖延变成一件有价值的事

前面我说，所有关于拖延症的书都不靠谱，这话说得有点绝对了，有一本书我看完之后，觉得还是靠谱的，叫《拖拉一点也无妨》。它的作者叫约翰·佩里，是美国斯坦福大学的哲学教授。

佩里教授研究出了一套对付拖延症的方法，名字叫"结构性拖延法"，这个研究成果曾经被授予"搞笑诺贝尔奖"。这个奖是专门颁发给那些正式发表了论文，但是特别无厘头，甚至完全没有价值的科研成果。这说明当时美国的学界主流认为这个研究成果特别搞笑。

确实很搞笑，因为他解决问题的整个思路跟一般的拖延症治疗方法都不一样。一般的治疗方法都是，你想解决这个问题，你就得变成一个勤快的、不拖延的人。可是佩里教授说，拖延症没办法治，人类本来就不是自己所构想的那种光荣、伟大、正确的物种。从古希腊开始，我们都认为人是理性的，但是我们活得越久，人类文明越往深处走，我们就越发现，人类有大量的非理性地带。罗素曾经讲过一句话："据说人是理性动物，我一生都在寻找证据支持这种说法。"

那既然我拖延了，怎么办呢？那就想办法把拖延变成一件有价值的事。佩里教授说，你不是在这件事上拖延了吗？那你就同时找好几件你觉得有价值的事，都搁在这儿。比方说，你现在要写一份年终总结报告，可你就是不愿意开始写，你就是想拖着。好，你一旦意识到你想拖这件事，那你今天就找几件你曾经拖延下来的计划任务，比如说把家里的账单清理一下，把自己电脑桌面上的文件给整理一下，看一本你一直拖着没看的书。为了拖那个事，你要把以前拖的这几件有价值的事情给干了。

他说自己就是这样做的。他曾经欠出版社一部书稿，一直拖一直拖，一想到这件事就头疼。那他是怎么办的呢？他就跑到宿舍去跟学生聊天。时间一长，他在出版社眼里已经是全无信用了，但没关系，学生突然喜欢他了，他突然成了斯坦福大学非常受学生欢迎的青年老师，因此还得了很多奖。这不就变成了很有价值的事吗？这就叫结构性拖延法，就是把祸水东引。

你们说这事儿靠谱吗？我觉得特别靠谱。拖延症本身并不是真正的危害，真正的危害是我们的心理机制——我们觉得自己有拖延症，所以不能承担太多任务，今天只做这一件事，我们得想办法把拖延症克服掉。

殊不知，你既然有拖延症，就说明你克服不了，你把这件事搁在这儿，为了拖延那件事，你只能找出大量无意义的事情去做，比如说聊个QQ、打个游戏，然后东搞西搞。搞来搞去，最后实在不行，你会躺在沙发里看电视。你始终都不会去做那件事，而且你这一天也将会过得毫无价值。

佩里先生恰恰解决了这个问题，他让我们去找一堆有价值的事情，让它们之间互相拖延。即使你东路不通，你西路也通了，因为你毕竟做了一点儿有价值的事情，这就是结构性拖延法。

得学会跟自己玩心眼儿

这种方法的本质其实就是跟自己玩心理游戏。人生也是这样，你就得不断地把自己当他人，跟自己玩心理游戏。

我还记得大学时有个舍友，烟瘾特别大，那个时候学生都穷，他经常没钱买烟。所以，他有一个习惯，他每次买一包烟，会从20根里面拿出4根，藏在宿舍的很多地方，然后故意让自己把这个藏烟的地方忘掉。

我就问他："你干吗要这么干呢？"他说："当我没钱抽烟的时候，我心里是有数的，这屋里一定有，我一定能找得到烟。这个时候，那就是救命的烟。"这不就是跟自己玩心眼儿吗？

没办法，人生就是这样的一个旅途，就是这样的一个征程，你不跟自己玩心眼儿，有的时候就真的会被自己搞败。

下面我跟大家分享一下，我是怎么跟自己玩心眼儿，怎么与拖延症斗争的，大致有三招。

第一招，很多讲拖延症的书上都说，你要把大任务分解成小任务去完成，我觉得这个不靠谱，我的心得是，**把那些创造性的任务分解成机械性的劳动**，就比较好完成了。很多人拖延，有的时候并不完全是因为懒，而是在那些创造性的事情上，他对自己有完美主义的要求，他要求自己做到自己根本达不到的水平，所以才会一直拖着、等着。

比方说我上高三的时候，一旦拿起政治、历史、地理这些文科的书要背，我的注意力也就能集中个五分钟，然后就去搞东搞西了。怎么办呢？我从高二夏天，也就是暑假起，就给自己下了一个任务，要把政治、历史、地理这三套教科书抄五遍。就是抄，不需要我背，不需要我调动注意力，我只需要做机械性的劳动就可以了。最后我真的抄了五遍，我从来没有背过书，但是我的高考成绩还可以。你看，这就是典型的把创造性劳动变成机械性劳动的行为。

你可以观察一下，拖延症最严重的是些什么人？多是做创造性劳动的人，最被拖延症所苦的人，就是出版社编辑，求爷爷告奶奶，找作家去组稿。然后作家就给你拖，他们可不是按小时拖，而是按年拖，拖得真是山长水远，你都不知道他们会拖到什么时候，因为他们在做创造性的劳动，一定要用机械化的劳动把它分解掉。

第二个心得，叫"让种子飞一会儿"。我还记得高考的前一天，我们的班主任给我们讲了一个高考关于语文考试的技法。他说，你们拿到语文卷子之后，千万不要一开始就做题，先翻到最后一页，看作文题，看懂了就搁下，然后从第一道题开始做。他是什么意思呢？就是说虽然这个时候你在做前面的题，没特意去想作文的事，但是因为你看过这个作文题，所以这篇作文的构思，已经在你的心里开始生长、发芽，"飞了一会儿"了。当你把前面的题全部做完，开始写作文的时候，你不知不觉已经完成了一部分构思，这是一个很节省时间的方法。

我对付自己的拖延症，现在也用这个方法。就是不管这件事我多不情愿去干，我会强迫自己先干一件事：先把这事了解一下，然后才把它搁下。虽然我之后在搞东搞西，但是我知道那个种子在生长。所以一旦时间来不及了，我必须要开始干的时候，就能用最快的速度、最高的效率把它干完。

第三个方法其实特别简单，既然你认识到自己有拖延症，知道拖延症有一个最大的共性：当你面对的是一个人的任务时就会拖延，而在群体压力下，拖延症会消解很大一部分。

美国社会有一个现象，很少有富人是胖子，胖子基本都是穷人。不是说穷人就一定是人穷志短，而是富人在社群里面是有压力的，因为胖就意味着你意志薄弱，你自控能力差，你在社交圈里就不好混。这种群体压力会对人的行为构成很大的反制效果。

我一旦意识到自己有一件事想拖延了，就会采取一种办法，那就是开会。我会请一些人来，介绍一下我要做的方案，然后群策群力把它完成。大家觉得罗胖很谦善，其实不是，我就是找几个人看着我，然后当着别人的面，你会发现你另外一个心理机制开始启动了，就是虚荣心。当着大伙儿的面，你总不好表现出你很懒吧，然后你就会用虚荣心顶着一口气，把这件事很迅速、很利落地干掉。

拖延症背后的庞然大物

我的心得分享完了，但是这件事还没完。我真正想告诉你的是，也许拖延症真的没有办法治，因为我们的敌人何止是自己，而是一个比自己还要恐怖得多的东西。

拖延症背后那个我们真正要面对的庞然大物，到底是什么呢？是人类几百万年的进化史。

减肥为什么难？就是因为我们的身体是由几百万年的进化历程构成的。我们现在一日三餐，每顿都是大鱼大肉，堆积的脂肪肯定超过了所需的量。但是，因为我们进入文明社会，能吃饱肚子还没多少天，我们的生理构造还来不及做出反应，所以，我们看到东西还是想吃，吃了就会转化成脂肪，然后堆在身上，以应不时之需。

第四章
今天我们该怎么活

拖延症也是这个道理。人类有一种底层的心理结构，就是我们更看重当下的价值。你想，作为一个原始人，一个进化中的猿猴，逮着一个东西，怎么可能留到明天再吃？夜长梦多啊。所以，我们对当下的价值评估就更高，对未来的价值评估偏低，能懒一会儿就懒一会儿，把当下这种爽的感觉先享受了再说，至于未来，一会儿再说。

所以，拖延症真的不是病，它就是人类的底层心理结构。自古以来都有拖延症，比如说大才子庞统，张飞去见他的时候，他桌上堆着一堆案卷尚未处理。张飞来了之后，他说好，现在我处理给你看，一个上午就把事情做完了。这就是典型的拖延症。

现代社会加重了人的拖延症

拖延症之所以会成为当下一个重要的社会话题，就是因为我们现代的工业社会确实加重了人的拖延症，以及它的危害。

为什么说加重了呢？有这么几个机理。第一，现代社会，一个人从目的到手段的距离变得更远了。原始人的时候，基本就是不做不食，这一天他干活了，出去捕猎了，他就有得吃；他不出去捕猎，他就没得吃，手段和目的之间非常近。可是现代社会不是这样的。

有一个典型的段子，一个富翁到海滩上看见一个渔民说：

"你怎么这么懒,躺在这儿晒太阳,你应该去干活啊。"渔民说:"我干吗要去干活挣钱啊?"富翁说:"挣了钱,你就可以什么都不干,躺在那儿晒太阳了。"渔民说:"我现在不就在这儿晒太阳吗?"

这是一个大家都知道的故事。这就是现代社会,从手段到目的的过程变得非常复杂,人不能直接用自己的本能感受得到,所以酿造了拖延症。

第二个原因,现代社会的很多目的是被强加的,很多人拖延的事情,都是写方案或者写报告。你愿意写那个方案吗?你愿意写那个总结报告吗?不是没办法嘛,这是公司的要求,是客户的单子,你不能拖。而你从本能上是不愿意去做的,人都有这个心理机制。

有一个笑话,说有一个老大爷,家里有一块草坪,一群小孩经常在那儿踢球,把草坪弄得乱七八糟。老大爷怎么说,他们都不听,他就想了一个招。一天,他就跟那帮小孩说:"我很寂寞,你们天天来踢球给我看,我表示非常赞赏。这样吧,你们每次来踢球,我就给你们一块钱作为奖赏,但你们每天都来,好不好?"孩子们很高兴地答应了。

过了几天,老大爷说:"我现在穷了,只能给你们五毛钱了。"孩子们也很高兴,五毛就五毛。又过了一段时间,老大爷说:"这五毛钱我也给不起了,我要破产了。"孩子们说:"五毛钱都不给,我们才不踢给你看呢!"他们就走了,从此再也不来了。这就是老大爷用的招,达到了孩子们不再来踢球的目的。

这个故事就告诉我们：哪怕一个人爱干一件事，只要他感受到这件事上面有一点点被强加的目的性，他就倾向于躲避这个任务。这是现代社会的一个特征。

第三个特征，就是现代社会因为大众传播的普及，每个人都一脑子观念，都是电视、报纸以及各种媒体塞给我们的，我们脑子当中有很多关于"正确"的想象。其实拖延症大多来自于不适当的想象，比方说我们想买本书，为什么买呢？因为我们在下单购买的时候，一瞬间脑子里会出现一个画面：当我们读完了这本书，我们就会口若悬河，这本书里所有有趣的东西就会成为我们的知识；然后我们跟美女在讲这些知识的时候，她们就会用崇拜的眼神看着我们，我们就会很爽。一瞬间，我们就会点亮一个大画面，然后就下单了，但买回家也不会看。这就是拖延症的来历。

换句话说，我刚才总结的三点就是：第一，目的和手段之间相隔得很远；第二，目的是别人强加的；第三，目的是想象出来的。

当一个人追逐一个如此虚无缥缈的目的的时候，他为什么不拖延呢？这就是现代社会的机理会加重拖延症，让拖延症成为一个重要的社会症结的原因。

拖延症是人类进化历程送你的礼物

接下来,我们就尝试着解决一下问题。第一,我认为这个问题随着社会的进步会解决。说白了,就是现代性造就的问题,将要靠现代性本身的解体来解决。

我曾经讲过,我们正在迎来一个兴趣社会,每一个人可以基于自由意志,去追逐自己感兴趣的事业。如果这个预言成真的话,拖延症的问题会不会得到一些缓解?每个人都做着自己爱干的事情,自然就不会拖延了。至少我从来没见过一个小孩拖延着不去玩,拖延着不去打游戏,这种事情是不会发生的。所以,目的和生命本体的更加贴近,是最终的解决之道。

可是这要等很多年,我们现在天天被拖延症所害,应该怎么办?依我说,你别着急,这就是人生境界提升的过程。人在不同的年龄阶段,对时间的感受是不一样的。一个两三岁的孩子,他觉得一个小时就很长。你说现在不许看电视,一个小时后才能看,他会觉得等得太长了。十几岁、二十岁的人,他的时间概念是什么?心爱的姑娘一天没见着了,百爪挠心。三四十岁的人,他规划人生的时候是以年为单位的,这一年怎么过,那一年怎么过。过了50岁,他往往就开始用10年左右的时间跨度来思考人生了。

说白了,对于现在价值和未来价值,就是跨越时间的价值调度、匹配、平衡，所有这些事情是要靠人格的成熟才能做得到的。人格的成熟，只能靠时间去耗、去磨。

在这里，我也可以交代一下，我为什么要做《罗辑思维》这件事。正是因为这一年我40岁了。40岁的人会有一种感觉，我站在了人生的中间这个点上，人生若按80年计算，40岁正好在中间。40岁很值钱，因为我是屌丝逆袭，是弯腰上山，山顶在前面，只要往山顶奔就可以了，总是想要更大的房子、更多的钱、更高的社会地位、更好的社会声誉，觉得人生是无穷无尽的，前面有的是时间。

可是当过完40岁生日这一天，我往前一看，突然发现我已经到山顶了，能看得到的只有山脚了。我突然意识到，人生过半了。这时候，有一个强烈的意识从我脑子里蹦出来：有些事想到就该去做了，再不做就真的来不及了。所以，我才在各种条件都具备的情况下，把《罗辑思维》这个平台推了出来。

其实，拖延症是人类进化历程给你的一个礼物，是现代社会的目的性、正当性等一切形成的海市蜃楼，将你照射出来的一个缺陷。但它更是你想把握这一生、想让这一生过得美好就必须要去克服的一个问题。在这个过程中，没有人帮得了你，只有等待你自己更快地成熟。当你的心理结构发生更快的变形的时候，解决方案就会水到渠成。

如果你还要说，我就是懒，我就是解决不了，怎么办？没有什么怎么办，这个世界上什么都会变，但有一样东西不会变，那就是成功的人、对自己满意的人，和不成功的失败者、一生对自己不满意的人，这个结构比例不会变。如果你真的克服不了，那也没什么，你只不过和无数代祖先，和那些已经死掉的人一样，你就是个失败者而已，这有什么奇怪的？

第四章
今天我们该怎么活

03 | 费马大定理

当生命开始封闭，他就已经凋谢了

前不久，我们公司的CEO"脱不花妹妹"在跟我闲聊工作的时候说了一句话："我们这盘小生意要再往下发展，我就得去打入那些互联网产品经理高手的圈子，去跟他们学一学互联网产品经理的思维。"挺普通的一句话，但是落到我耳朵根子里，心里可就不是滋味了。

为什么？因为这个方向我也知道，但是我扪心自问，过去几年间，我是否起过念想往那个方向发展发展、学习学习，也去跟那帮人打打交道，提升一下自己呢？完全没有。这说明什么？说明一个四十刚刚挂零的老男人，已经对新鲜事物丧失挑战的勇气了——说明我老了。

我们给家里的老人买了最新款电视机以后，老人往往连研究一下新遥控器的兴趣都没有。这是智力问题吗？不一定，只是因为新事物和他过往的知识结构、和他所熟悉的世界不匹配，不匹配自然就会抗拒，这就是老了嘛。

2014年，给我这种刺激的时刻还有很多。比如说世界杯期间，我经常睡到半夜被吵醒，窗外一声暴喝，我知道，一定是哪个球队进球了。但是对于我来说，我不是球迷，小学二年级就挂靴了，一个胖子在球场上驰骋，那是对自尊心多大的摧残！所以，球迷的那个精彩绝伦的世界我完全不懂。此情此景，有点像一个学艺不精的崂山道士面对一堵墙，你明知道墙外风景无限，但你就是穿越不过去。

这让我想到了美国将军麦克阿瑟的一句话："老兵不死，他们只是凋零。"这句话当然是夸奖老兵的，但你不觉得这句话在这个新鲜事物层出不穷的时代，又可以有一番全新的解释吗？有些人虽然没有死，但是因为他的生命开始封闭，所以他已经凋谢了。

对我这个岁数的老男人来说，最大的挑战就在这儿。能不能把生命再次打开，去接受那些全新的事物呢？因为我们在少年时，可能因为各种各样的条件限制，和某些领域擦肩而过。但是我们成年之后，能不能勇敢地向这些陌生领域挑战和进发，至少保持那么一丢丢的好奇心呢？这也是生命质量的保证。

所以现在，我就鼓舞起余勇，抖擞起鼠胆，去挑战一个我完全不懂的领域，那就是数学，而且是数学中一个高精尖的领域，叫费马大定理。

我之所以有这份胆量敢讲这个话题，要感谢很多人，要感谢在知识传承和演化过程中的做普及化工作的那些人，比如说《费马大定理》这本书的作者，他把数学界那些高精尖的知识用各种各样生动的故事讲给我们普通人听；也要感谢我们本期节目的策划人，毕业于四川大学数学系的康宁先生。正是因为他们的帮助，罗胖才能抖擞起鼠胆，跟大家讲这个话题。

中西方数学的本质区别

先给大家看一个公式：

$x^2+y^2=z^2$

这个是我们在中学学过的勾股定理——直角三角形的两条直边x的平方加上y的平方等于斜边z的平方。

我们中国人很早就发现了勾股定理。根据文献记载，周朝的数学家商高明确提出了"勾三、股四、弦五"，故又有人称之为"商高定理"。但是，我们中国人现在讲的数学，严格地说，应该叫算学。中国有很丰富的数学典籍，比如《周髀算经》《九章算术》，这些典籍都有一个鲜明的特征——中国人的数学是为了实用。

《九章算术》的目录里方田、均输、商功等都是解决实际问题的，比如怎么丈量田地、怎么算粮价、怎么算工程里面土方的数量，等等。勾股定理也是如此，古书中已经告诉你"勾三、股四、弦五"，你拿去就能用。至于为什么是"勾三、股四、弦五"？中国人很少去深究。

而从世界主流的数学发展史来看，也可能是西方人搞种族歧视，总而言之，中国人是没有太多地位的。例如，1972年有一个叫克莱因的著名数学教授，写了一本名为《古今数学思想》的著名数学史著作。他在序言里说，为了不让本书的素材漫无目的地铺张，所以就自动忽略了有些民族的数学，比如说中国人、日本人、玛雅人。他说这些民族的数学对世界人类的主流思想是没有什么贡献的。

这个说法难免让我们中国人不服。但是，当我们真的回到数学历史的主流中，会发现至少中国的数学或者说算学，跟世界主流数学，目的就不一样。

我们先来看看西方数学的源头——古希腊，去看看他们的数学是怎么回事。

提到古希腊的数学，就不得不提到一个人——毕达哥拉斯。要知道，勾股定理在西方就被称为毕达哥拉斯定理。区别在哪儿呢？二者的不同主要在于西方人要证实这个结论。

毕达哥拉斯是毕达哥拉斯定理的创作者，但是看过他的生平你会发现，他哪是什么数学家？毕达哥拉斯出生于公元前580年，他创立了所谓的毕达哥拉斯学派，放在今天他就像是一个大学系主任的角色。不对，人家自认为是一个教主，觉得自己教派的智力特别高,因为他们会玩数学,他们从数学中感受到了整个世界的美妙。

在他们看来,数是什么?数就是整个世界的规律。比如说他认为"一"是世界之母,万物之母。而"二"呢?"二"代表意见,因为它跟"一"不一样,所以它对"一"有意见。"三"是什么?"三"是世界万物的形状,所有的桌子腿至少有三个才支得住,所以这是世界万物的形状。"四"代表正义。"五"正好是一个偶数和一个奇数,所以代表婚姻……他们把所有的数都按这套理论给出了解释。

数这个东西,落到毕达哥拉斯和他的门徒的手里,他们就觉得:天哪,我们发现了一个全新的世界,原来上帝、天神是通过数来统治这个世界的!在他们看来,整个世界、星空、宇宙,就是上帝在弹拨的一架大竖琴——因为他们发现音乐也跟数有关,音阶不就是数吗?什么叫合音?两个声音搁在一起特别好听是什么原因?是因为一根弦和另外一根弦之间有整数倍的关系;两根弦不是整数倍的关系,搁在一起就不好听。这不就是天神的暗示吗?我们整个世界就应该在数当中生活,我们的生命就应该奉献、祭祀给我们的数啊!

所以,毕达哥拉斯学派到后来实际上就变成了一个唯心主义流派,因为毕达哥拉斯定了很多规矩,跟数并没什么关系。随便给大家说几个,比如教徒不准吃豆子;不准碰白公鸡;看见一个面包不能掰开来吃,但是又不能吃整个的面包;不能弯腰去捡东西;不能走大路……所以这是一个神秘主义的、有着严格纪律的教派。

挑战者死：第一次数学危机始末

数学史上的一个著名事件，叫第一次数学危机。这次危机与毕达哥拉斯有关。毕达哥拉斯有一个终身的信仰，就是整个世界的数都是由整数构成的，1，2，3，4，5，6，7，8，9，10。那小数呢？比如0.8，它不就是4÷5的结果吗？所以它的根子仍然是整数。

这个结论得出来之后，毕达哥拉斯的一个弟子希帕索斯跑到黑板前一看，说："老师，这个公式好美妙！你看，三的平方加四的平方等于五的平方。那如果是一的平方加一的平方，等于几的平方呢？"

在我们现代人看来，这不就是$\sqrt{2}$的平方嘛。那$\sqrt{2}$是几呢？算来算去，出大事了，原来$\sqrt{2}$是一个没头没尾的数，1.41421……没完没了。老师不是说世界是由整数构成的吗？怎么会冒出来这么个魔鬼呢？

毕达哥拉斯说："慢着，我脑子转不过来了，让我想想。"想了半天说："这么着，我们把希帕索斯给弄死吧。"于是，他带领门徒把希帕索斯给扔到海里淹死了。这就是历史上的第一次数学危机。

虽然毕达哥拉斯教派只是一个人间的组织，可是数学最美妙的地方，就是它独立于人而存在的，甭管你是一个屌丝、一个大学教授，还是国家的院士，面对一个数学结论，谁都是一翻两瞪眼，没法否认。

所以对一个教派的权威毕达哥拉斯来说，他完全无法接受这样的颠覆。怎么解决呢？把人弄死，那这个问题就不存在了，从此世界又月白风清了。

其实为了这种破事去杀人，在古人的世界里是很常见的，因为对于古人来说，这是整个生命的托付，甚至是一个信仰。

所以，古代西方数学的源头，是一种近乎于迷狂的宗教思想。但是随着历史的演进，数学渐渐地走出了自己的道路，它虽然脱离了宗教，但是在中世纪的时候，我们还是会发现很多数学家一边感受数学的美好，一边去赞叹上帝的伟大，居然创造了这么美妙的一个系统。

我们学过平面几何的都知道，由那么简单的几个公理，居然可以推出如此缤纷的一个定理的世界，若不是上帝他老人家，谁有这般神力，能够创造这样的奇迹呢？所以数学家往往是一边在草稿上演算，一边在心里崇拜上帝。

但是后来，很多数学家就开始拥有一种智力上的优越感了，包括我们伟大的革命导师马克思。你以为他专写革命著作吗？闲暇时分，他也用做数学题的方式，给自己提供一种休闲娱乐。

再比如说著名的数学家高斯，出生在18世纪，卒于19世纪的1855年。高斯这个人一生解决了无数道数学难题，他最得意的叫正十七边形尺规作图。其中的"正"是指正四边形，正十七边形就是有17条边及17只角的正多边形。如果只给你两样工具——一个圆规和一个没有刻度的尺子，你能不能画出一个正十七边形？

这是一道著名的数学难题，古希腊的时候就把阿基米德难住了。到了近代，牛顿也没有解开。高斯天纵英才，数学老师当晚给他布置了三道题，前两道题轻松就解开了，这道题难一点儿，但也仅用了一天晚上就给解开了。这是他的得意之作，所以他临死的时候特意留下遗言：我的墓碑上别的就不要写了，画一个正十七边形吧。

你看，数学其实就是那些高智商的人秀智商的一个工具罢了。同行的数学家评价高斯，说这个人讨厌得要死。他每次证明完一个定理的时候，都会像老狐狸走过林间一般，用自己的大尾巴把走过的痕迹扫得干干净净。你只看到他证明得那么漂亮，但是他的思路，他永远都不告诉你。你看，他不就是很典型的一个秀智商的人吗？

爱法律更爱数学，秀财富不如秀智商

对于费马大定理——这个数学中一个高精尖的领域，高斯一生都在表示，这个问题不重要，这个问题不值得他出手。但实际上，费马大定理有任何一点点的进展，高斯都会跑过去看看到底是怎么回事，这说明费马大定理是一个让高斯这样的高手都踌躇为难的大难题。

这个费马是何许人也？他是一个法国人，家境富裕，毕业返回家乡后，做了当地的图卢兹议会的议员。他又特别好命，恰逢法国鼠疫大横行，很多高阶的公务员都陆续死了，这就给他腾出一条官场上的康庄大道，使他迅速就当上了图卢兹议会的大法官。

高智商的人往往有强烈的优越感，不愿意跟外面的人交往，所以费马在公事之余，就在自己的书房内演算数学题。在当时的历史背景下，英国人和法国人互相看不顺眼，所以费马每搞出一个定理，都会给当时的英国数学家寄一份。意思是说，你看哥们儿又玩了这个，你们会吗？把同时代的英国数学家给气得半死。

这个费马大定理是怎么回事呢？有一天，可能是在晚上，他突然想明白了一个规律，然后就在一本书的空白处写下了一句话："将一个立方数分成两个立方数之和，或一个四次幂分成两个四次幂之和，或者一般地将一个高于二次的幂分成两个同次幂之和，这是不可能的。关于此，我确信已发现一种美妙的证法，可惜这里空白的地方太小，写不下。"你看，真是气死人。费马认为他可以证明费马大定理，但是因为空间太小写不下，所以没有证明给大家看。这就是那些高智商优越者的讨厌之处。

下面，我来解释一下什么叫费马大定理。我们先来看这个公式，$x^2+y^2=z^2$，这是勾股定理。如果把平方数，也就是这个小2换成2以上的数，费马认为它就不成立。换句话讲，就是任何一个数的立方以上，加上另外一个数的立方以上，就是3次方、4次方……就不可能变成一个整数的立方以上的数。举个例子，5的5次方加上5的5次方，你永远不可能写成任何数的5次方。

这就是费马大定理。费马在临死之前没有留下只言片语把自己曾经想到的那个美妙的证明给写下来，这个难题便难倒了人类300多年。这让我想起了老舍的一篇短篇小说《断魂枪》，那个断魂枪的枪手一生武艺高强，年老的时候摸着凉滑的枪身微微一笑："不传！不传！"

费马生于1601年，活了64岁，1665年撒手尘寰，从此成为人类历史上最著名的"业余数学家"，因为他的本职工作是大法官。

他死了之后，留下大量的数学谜题，但是随着人类数学技术的进展，这些谜题逐一都被解决了。唯独以他姓氏命名的这个费马大定理，死活纠缠了人类300多年，始终没有答案。

当然，在这个过程中，也不是没有点滴的进展。比如说他同时代的人就想，你费马不是吹过牛，说有一套简洁而美妙的证明方法吗？那你此处写不下，没准儿一时手痒写在彼处了呢？所以他死后，很多人就去翻找他的手稿，看看有没有留下蛛丝马迹。找来找去，还真的有所收获。大家发现，费马生前曾经证明过这个公式，即这个2变成4的时候，费马大定理是成立的。换句话讲，任何正整数的4次方加任何正整数的4次方，不可以被表述为任何正整数的4次方。这个已经被证明了。

有了这么一个良好的开端，人们就一点一点地往下拱。在费马出生之后又过了100多年，1706年，又一个大数学家出生了，他叫欧拉。欧拉也是欧洲数学星空当中一颗璀璨的巨星，曾经留下过著名的欧拉公式。

欧拉在费马的方法上略加修改，证明了3。你不要小看3和4，虽然只是两个数，但是证明了3，就可以证明9次方；证明了4，就可以证明16次方。所以，在正整数这个族群当中，其实已经有很多数被这俩人解决掉了。

但是，费马大定理真正的难处，就是你解决再多单个的数都没有用，因为数学上有一个魔鬼，叫无穷大。就是说不管你证明了多少个数，那再加1还成立不成立？

在最近的数学史上也出现过这样的事情，一个很大很大的数突然证明某个公式不成立，所以整个公式都被推翻掉了，这样的事情在数学史上可是不罕见的。费马大定理如果这样一个一个地证明下去，哪天是个头呢？

在欧拉之后又过了将近100年，人类证明了在5和7的情况下费马大定理是成立的。到了1955年，又证明了在4002次方以下，所有的正整数里，费马大定理是成立的。到了1985年的时候，我们已经可以借助计算机技术证明，4100万次方以下的所有的正整数，费马大定理都是成立的。但又如何呢？那个数字再加1，费马大定理是不是成立的呢？不知道。

那些嫁给数学的姑娘

在这过程中，其实也出现过几次曙光，最亮的一次曙光出现在19世纪中期，是一个法国姑娘——著名的数学家热尔曼带来的。

请注意，这是一个女数学家。在这儿先打一个岔，其实人类的很多智力领域，女性都进不来，为什么？男权社会嘛，比如说物理、化学、战争、政治，上层都可以用一些硬条件，比如说不给你做实验的条件、不让你上战场等，把女性统统排斥在外。但是有两个领域，你很难杜绝女性去展示她的才华：在文科就是诗歌，在理科就是数学。

我们上大学的时候，你会吹拉弹唱，那说明你小时候家境还是不错的，好歹买得起一个口琴或者一架钢琴。但是唯独诗歌和数学这两样，无法将那些穷苦家庭的孩子排斥在外，因为人家只需要一张纸一支笔就够了。在数学史上，尤其是西方数学史上，女数学家就层出不穷，谁也没有办法抵挡或者阻挡她们才华的展现。

比如说，毕达哥拉斯学派就不排斥女性，毕达哥拉斯甚至有28个女弟子，其中最著名的叫希诺。因为希诺学习成绩好，毕达哥拉斯就说："你成绩这么好，我该怎么奖赏你呢？这么着，我娶了你吧。"

欧洲中世纪时，也出现过一个著名的女数学家，叫希帕蒂娅。她有一句名言："我只嫁给一个人，他的名字叫真理。"当时，自认为真理在握的是什么人？基督教徒啊。他们认为上帝他老人家才是真理，你怎么跟个数搞在一起呢？所以，他们就跟她辩论，辩又辩不过。气急败坏之下，他们在大主教的挑唆下，趁她乘马车出外，沿途把她截住生生地杀死在当街，然后把她的尸体进行了分割，投在火中烧掉了。

任何时代人类的组织和意识形态信仰都是如此，它没有办法挑战数学，因为数学是独立于人类之外存在的一个真理体系，它永远是对的。你挑战数学没有用，只能像一个懦夫一样气急败坏，把那些亲近数学的人从肉体上消灭掉，但是你却否定不了它。这就是数学的伟大之处。

我们再继续说这位19世纪中期的女数学家热尔曼，她是法兰西历史上第一个以自己的本名被载入学术史的女性。20世纪著名的大科学家居里夫人都不是用本名载入科学史，她的本名叫什么恐怕没几个人知道，只知道她是居里先生的夫人，但是热尔曼做到了。

热尔曼到底在数学史上做出了多大贡献呢？单在证明费马大定理上，她便提出了一个全新的思路：别一个数一个数地去证明费马大定理了，咱能不能找一个统一的方案，一旦证明，就意味着所有的数都能证明？热尔曼实际上提出了一个证明费马大定理全新的思路。

这个思路提出来之后，当时整个法国数学界就又兴奋起来了，因为大家觉得曙光在望，马上就可以解决费马大定理了。这就是热尔曼的贡献。当时，法兰西科学院就拨了一大笔奖金，说既然已经突破在望，我们就给点儿狠的，给一个大的诱惑。俗话说得好，眼珠子是黑的，银子可是白的。所以，法国数学界很多人都把精力投向了费马大定理，其中有两个佼佼者，一个叫科西，一个叫拉梅。这两个人是分头工作的，但是他们都把自己的研究成果写在纸上，密封在信函里，给法兰西科学院寄去了。

法兰西科学院一看，这块肉有可能烂在我们法国人自己的锅里啊——法国人费马提出来的，也将由法国数学家来证明。于是，法兰西科学院聘请了著名的数学家库默尔来验证他们俩的成果到底对不对，谁能拿到这笔奖金。

结果，密函打开以后，库默尔讲了一番道理，证明他俩说的全是错的，而且库默尔还往前走了一步，他精确地证明了，用当时的数学工具，人类根本就无法证明费马大定理。这也是数学的进步，但是对于费马大定理来说，这可是一个空前黑暗的时刻，因为刚刚亮起的曙光又熄灭了。

数学就这样救回一条命

时光荏苒，又过去了几十年，法国人解决不了的问题，现现在轮到德国人来推动了。20世纪初,有一个德国企业家叫沃尔夫·斯凯尔。他年轻的时候特别多情,爱上了一个姑娘,也跟人家表白了,结果被姑娘无情地拒绝了。不就是一次失恋吗?可这个沃尔夫·斯凯尔就受不了了,居然声称要在某天午夜12点开枪自杀。

德国人有一个优点,就是工作效率特别高。这天,他早早地就把遗嘱、身后的安排都做完了,没事干,可离12点还有几个小时,就随便抓起了一本书看。这本书是什么?就是半个世纪前科西和拉梅阐述解决费马大定理思路的那本书。

结果一看,真有意思,看着看着就入迷了,不知不觉就把午夜12点这个时间点给错过去了。等他发现这一点的时候,又不想死了。"这个问题很有意思,我还没有解决",他已经把那个姑娘给忘了,从此开始解决这个问题。

当然了,他是业余的嘛,又不像费马是那么著名的业余数学家,所以对这个问题的解决没有丝毫帮助,但是他从此感念费马大定理对他的救命之恩。在1908年临死的时候,沃尔夫·斯凯尔把自己一生积攒的大部分财产拿出来设立了一个基金,由哥廷根皇家科学协会保存和评奖,2007年9月之前,谁第一个解决了费马大定理,这笔钱就归谁。

所以20世纪初,全世界数学界又兴起了一股解决费马大定理的热潮,而且从此让费马大定理成为数学史上一个最著名的难题,因为这背后有银子嘛。当时,有很多人都给这个协会写信,声称自己解决了。中国的著名数学家陈景润解决哥德巴赫猜想中的一个猜想之后，当时也有很多民间数学家给中国科学院数学所写去类似这样的信，说自己解决哥德巴赫猜想了。据说，每年可以收到几麻袋信。

信件之多，以至于哥廷根皇家科学协会主持评奖的教授后来不得不印了专门的明信片，上面已经印好：阁下您寄来的论文在某页某行就错了，所以您的证明是错的，请您拿回去吧，奖金和你没有关系。据说这种明信片堆起来，有三米高，就是一层楼那么高。

虽然当时全世界的数学爱好者和一些妄人都试图去解决这个问题，但是很可惜，距离它的解决仍然是遥遥无期。

全球高智商人群的接力赛

它是什么时候被解决的呢？其实距今并不远，就在1995年，解决它的人既不是法国人，也不是德国人，是一个生活在美国的英国人，他的名字叫怀尔斯。

经过300多年的跌跌撞撞、走走停停，费马大定理终于走到了它这场接力赛的最后一棒。这一棒交到了美国普林斯顿大学数学系的一个教授手里，这个教授就是怀尔斯。他10岁的时候就曾经遭遇过费马大定理，但是那个时候作为小男孩他有心无力，所以后来就放下了。

但是这一段缘分却使他对数学产生了极大的兴趣，直接促使他成为了一个职业数学家。不过,他研究的领域跟费马大定理没关系,他研究的是一门叫椭圆曲线的学问。

这就奇怪了,怎么解决费马大定理的是一个外行呢?没错,其实人类很多顶级问题的解决都有以下两个特征。

第一个特点,历代的人为它的最终解决铺就了台阶,只不过这个台阶铺就之后,搁在那儿很多年没人发现它的价值。突然有人灵光一现,福至心灵,把此前的成果转化为自己的光荣。

第二个特点,往往是穿越过来的一个外行,歪打正着最后把这个问题解决了。这叫"有心栽花花不开,无心插柳柳成荫"。

在费马大定理和怀尔斯之间,就非常典型地体现了这两个特征。在怀尔斯证明费马大定理的路上,就有两级铺就好的台阶。

给怀尔斯铺就第一级台阶的,其实是一个生活在将近200年前也就是19世纪初的一个法国人,他的名字叫伽罗瓦。

伽罗瓦身上带有法国人一个非常可爱的特征,就是好色,他跟各种姑娘勾搭来勾搭去,最后因一个姑娘惹祸上身。这个姑娘的未婚夫是当时法国著名的枪手,他二话不说,就要跟伽罗瓦决斗。按照当时的风俗,伽罗瓦没法拒绝,或者是出于自己的荣誉感也不能拒绝这场决斗,但是对方是最好的枪手,伽罗瓦肯定是个死,所谓的决斗场其实就是他的死刑场。

所以,伽罗瓦就特别抓狂。伽罗瓦这个人并非职业的数学家,他当时学数学也不过刚刚五年的时间,但是他确实是一个天才。第二天就要上刑场了,头一天晚上,他写就了一份手稿,把脑子当中酝酿已久的拉拉杂杂、不太清晰的想法进行了一种非常混乱的表述。据说在这份手稿中,还夹杂着一个姑娘的名字,这就是这个法国人留下的绝笔。

第二天他真的死了,这份手稿就这么留了下来。又过了很多年,另一位数学家发现了这份手稿,惊为天人,把这份手稿的整个思想又用一种条分缕析的方式表达了出来。后来,这个思想就成为数学史上非常重要的一个理论支派,叫群论。

群论是什么?大概就是有时候解决数学问题,你别试图一揽子解决或者是单个解决,这两种方式往往都不行。要采取一种多米诺骨牌的方法,就是推倒第一个,顺便压垮第二个,然后一串问题就都能解决了。这跟我们前面讲的费马大定理的特征,是不是正好吻合?这把钥匙,好像能开另外一把锁。

这是伽罗瓦给怀尔斯铺就第一级阶梯的人。

那第二级台阶是谁铺就的呢?是两个日本人,一个叫谷山丰,另一个叫志村五郎。他们俩的数学成就基本上都是在"二战"刚刚结束后的日本完成的。

谷山丰和志村五郎二人的成就是什么呢?他们提出来一个猜想:在数学的两个分支——椭圆曲线和模形式之间存在着一一对应的关系。

啥叫一一对应啊?你再看这个公式,这是一个代数公式,但它同时又对应着一个直角三角形的几何图形,这就叫一一对应关系。说白了，解开了这个公式，虽然解的是一道代数题，但同时也解开了一道几何题。

费马大定理终结者横空出世

费马大定理就好像是人类的一个智力游戏，而且是一个全球高智商人群的一个接力赛，最终在300多年的一个历史跨度里，在全球的一个协作场景里完成了。

谷山丰和志村五郎的这个猜想作为一个数学成果放在怀尔斯的面前的时候，他突然眼前一亮：原来困扰人类几百年的费马大定理，是有可能通过模形式这个数学的独立领域作为桥梁，过渡到他非常熟悉的椭圆曲线的领域，从而反过来间接地证明费马大定理的。

你看，整个思路突然开阔起来了。怀尔斯知道，自己迎来了一生最大的一个机会，值得去赌一把。赌赢了，从此就成为史上最著名的数学家；赌不赢，一生暗淡无光。他决定赌。

他赌的方式也很有意思，他决定一个人玩。这就得说到数学家之间那点儿钩心斗角的事儿了，因为数学家和别的领域的科学家不一样，别的领域多少需要一点儿外在条件，可是数学家们凭的就是纯粹的思想，所以平时跟同行是交流还是不交流呢？如果不交流，获得的"如切如磋，如琢如磨"的帮助就很少；可是如果一交流，你的哪句话无意中点醒了对方的哪个灵感，结果对方先把成果发表了，你何处去诉，何处去告？你会比窦娥还冤。所以怀尔斯决定，既然这个思路是通的，那就一个人干。

他当时还故布疑阵，做了很多小手脚。比如说，他把自己在椭圆曲线领域里面的很多研究大成果切分成一个个小成果陆陆续续地发表。什么意思？就是告诉同行，我还在研究原来的课题，只不过我的才情没有那么多了，我江郎才尽了，我只会研究小问题。实际上呢，他是躲进小楼成一统，从此目不窥园好几年，专门去研究费马大定理了。

当然，这个过程我们也不懂，但肯定是极其艰难的。他在做计划的时候，曾经就认为自己至少要花三年时间，把椭圆曲线和模形式领域的所有的既有研究成果先复习一遍。当然，后来的进展比他预想得要好，但是也足足花去了18个月，这还只是复习原来的题海战术，还谈不到去解决问题。

后来，怀尔斯回想这一段研究时光的时候，打了一个比方，他说解决费马大定理就好比要穿过一个一个的黑屋子。首先，他来到一个黑屋子，什么都看不见，他先得去摸，摸这个屋子里的所有家具、所有摆设。等摸得烂熟，对这个房间的每一个纹理都清楚的时候，他才能找到它的电灯开关。他打开电灯开关，才能知道下一个屋子的门在哪儿。打开那个门，然后进入下一个屋子，然后又开始重复这个过程，而且不知道什么时候是一个头。这个痛苦的时光，有足足七年的时间。

当然了，如您所想，他获得了最后的成功。在1993年的

第四章
今天我们该怎么活

时候，他信心满满，据说当时是在一个很不起眼的数学演讲当中，他起了一个跟费马大定理完全无关的一个演讲题目，然后就给大家讲他是怎么想的、怎么做的。到最后他告诉大家，这就是费马大定理，他已经把它解开了。

这是一个成功者的嘚瑟。果然，在数学领域就炸响了一颗大炸弹，所有人都惊呼，300多年的难题，这个怀尔斯居然就解决了。

但是事情有这么顺吗？当然不会。是需要数学界验证的，所以他们组织了一个专家委员会——都是顶级的数学家去验证，验证了八个月。据说是六个数学家围绕着他反复地提问，怀尔斯来给出解答，推算过程中一点点的小细节，大家都"严刑拷打"地去追问。

在第八个月的时候，终于出事了，有一个非常非常小的错误，导致他那一轮多米诺骨牌突然就推不下去了。怀尔斯刚开始也没把这当个事，觉得这就是一个小错误，稍稍修正一下，也就结束了。

但是万没想到，这个错误越看越大，越看越大。当时，据说美国的一本杂志已经把他评为当年度全球最具魅力的25人之一，跟什么戴安娜王妃齐名，已经有一些男装品牌来请他代言了。虽然大众也不知道他在研究什么，就知道这是一个伟大的数学家。这种时候如果证明他的所有的成果都是错的，多丢脸啊。这是一个巨大的压力，从1993年到1995年使得他一度坚持不下去了。

当然，戏剧性的时刻最后还是到来了。某一天，他突然想到了此前自己研究过但是丢下的一个思路。他发现，如果把那个思路和现在的研究成果相结合，不仅可以解决这个小小的漏洞，而且可以让证明费马大定理的整个过程变得异常优美而简洁。

后来，怀尔斯感慨道，那一刹那，眼泪哗哗地流了下来。引用一下杜甫的那句诗，那一刻真是"漫卷诗书喜欲狂"啊。在1995年的时候，他把这份研究成果作为给他妻子的生日礼物，敬献给他的妻子。从此，怀尔斯成为20世纪最著名的数学家，甚至是唯一著名的数学家。

为什么要花费这么多笔墨来写费马大定理呢？

因为我们这一代人都学过数学，但是我们当中的绝大多数人，花了人生的12年时光——六年小学和六年中学，被数学摧残，我们只知道数学是敲开大学校门的一块敲门砖。自打上了大学之后，它就被我们当作人生中最痛苦的经验删除掉了。我们这一代人也想呐喊，让数学滚出高考！但是，直到我读了《费马大定理》这本书，我才知道，原来数学是如此有魅力，它的魅力光芒万丈，吸引了那么多智力卓绝的人把自己的生命献上去。整个数学史，就是一曲波澜壮阔的史诗，这个时候，我才知道数学的好。

读完这本书我才知道，人类知识领域、智力领域的任何丰碑，从来都不是用强烈的目的性建造出来的，它的每一块砖、每一片瓦，都是由兴趣堆积出来的。兴趣不仅促成了最后的成功，而且点亮了其中每一块砖、每一片瓦、每一个人的生命。

所以，如果你有一个伟大的目标，你有一个强烈的目的，但如果没有兴趣，你将一事无成。

04 | 怎么当个明白人

从进化论开始谈我们为什么会犯糊涂

为什么我们经常会陷入糊涂的境地？是智商问题吗？不是。那是什么问题？

我们先来做一个判断。古往今来，所有思维模式上的问题，本质上都是因为：我们带着一个从史前进化而来的大脑，生活在一个比那个时候要繁荣得多、富庶得多、情况要复杂得多的现代社会里。

我们现在是苟且偷安好，还是去创业、去打拼好？当然是后者。可是我们的大脑告诉我们：千万别去冒险，出了山洞就会遇到豺狼虎豹。所以，我们本能地会寻求安定、安逸和安全。

为什么积极行动变得这么困难？原始社会的时候，生活告诉我们：凡事想得悲观一点儿，多做一点儿准备，对生存下去、娶到老婆、把基因传下去是有好处的。可是今天这个社会告诉我们：悲观就没有机会，人应该乐观。这就有了冲突。

另外，原始社会的时候，我们经常饥一顿饱一顿，于是我们的身体就进化出了一种能力：但凡逮着点脂肪、糖分，就会拼命地吸收掉，非常聪明地转化为人体脂肪，然后堆积在暂时不影响行动的那些所在——肚子和大腿上。你看，多好的一个机制！

如今，我们已经吃喝不愁了，但是我们的身体仍然像几百万年前那样，拼命地吸收各种营养物质，把它变成人体脂肪堆在肚子上，这就是罗胖人生中最大的痛苦。但是我明白，我不是和一块肥肉在搏斗，我是和几百万年形成的身体机能在搏斗，所以我是没有信心打赢这场仗的。

从进化论的视角来判断人的思维误区，这是一个特别大的话题，今天我们只能集中讲其中一个小点，就是因果关系。

因果颠倒带来的思维陷阱

因果关系是我们理解世界的一个基本方法，更重要的是，不用因果关系来简化我们周围的世界，我们是没有办法做出当下的行动决策的。

假设我们有一个老祖宗，他生活在几万年前，某天出去打猎，毛都没捞着一根，回到家就坐在那儿犯愁，苦苦思索原因：是因为弓箭不好，是隔壁王老三拖了后腿，还是昨天晚上做饭的时候，老婆亵渎了神灵？然后，他就得马上做出行动决策，或者把弓箭做得更好，或者跟王老三去谈判，或者回去揍老婆一顿。如果第二天继续一无所获，他就离死不远了。

所以，简化世界，并且马上做出行动决策，这是几万年前的生活压力告诉我们的，不管对与错，我们必须做出一个简明的因果判断。

其实我们人人都带有这样的痕迹，比方说每天股市闭市的时候，专业的评论员就会写，今天股市上升或下跌了几个点，是因为央行行长哪一句话、哪个企业二季度的营收是超出预期还是不如预期导致的。没有一个股评员会告诉你，今天的涨跌没有任何原因，就是股市正常的波动而已。他总得给你一个解释，虽然这些解释狗屁都不是。

大家都知道我罗胖反对抵制日货，很多人就得出两个结论：第一，罗胖的智力有问题；第二，罗胖是汉奸，道德有问题。有了这两个结论，有了这个因果关系，他们就可以像几万年前的那个祖宗一样，安然地睡去了。

因果问题是我们理解这个世界不可或缺的东西，也是构成我们思维陷阱的最大源泉。

苏格兰北部有一个群岛，群岛上的原住民认为，人身上的虱子跟人的健康是密切相关的，人生病就是因为身上的虱子太少。听着好无厘头，但这个经验真是他们观察得来的——当地人身上的虱子一少，就会发烧。所以，他们治发烧的方法，就是往病人头上放一大堆虱子，虱子回来了，健康也就回来了。

这是什么原因呢？很简单，虱子是因为病人的体温升高才跑掉的，而不是因为虱子跑掉了才导致病人体温升高的，但原住民不懂这个道理，他们只能在前后出现的两个现象中找因果关系。

你被混乱的因果关系蒙蔽了吗

看到这里，也许你会说，我是不会犯这种错误的。你真的不会犯这种错误吗？请往下看。

很多朋友都建议我："罗胖，你该运动了，瞧你现在身材多难看啊！"但是我做什么运动好呢？羽毛球、乒乓球，还是慢跑？有人说游泳好，你看游泳运动员的身材多好啊，要块有块，要条有条的。

不瞒你说，这么多年我唯一坚持下来的运动，就是游泳。长期的游泳经验告诉我：第一，它没有减肥作用；第二，身材不会发生任何变化。为什么人家游泳运动员的身材那么好？那是因为人家身材好，所以才游得快，容易出成绩，才成了专业运动员。

这里面就有一个思维误区，大家把果当成了因。你可千万别以为这是小问题，大量的错误都是这么犯的。

有些老太太说，娶媳妇、找女朋友一定要找屁股大的，为什么？容易生儿子。中国古代有个词，叫"宜男之相"，指的就是腰臀比要大。可是稍微有点常识的人都知道，生女生男是由老爷们儿决定的，跟女人的屁股大小有什么关系呢？

但是也不能说老太太的观察是错的，原因可能是这样的：男孩的头部相对发育得比较大一些，于是在怀孕的后期，把母亲的骨盆的韧带抻得比较大，所以腰臀比就出现了比较大的变化。所以，"屁股大的女人容易生男孩"虽然是一个实实在在的观察，其背后则是一个因果倒置的错误。

再举一个例子，很多家长都逼着孩子去考重点大学，哈佛、耶鲁等常春藤盟校。一细问理由，家长会告诉你：好学校教育质量好啊。真的是这样吗？未必。哈佛大学总说自己出了多少个总统、多少个诺贝尔奖获得者。可问题是，你本来招的就是全世界最好的学生，他们今后成为这个时代最有出息的人，这不是顺理成章的事吗？如果你要证明你的教育质量好，请拿出别的理由。

但是，在考哪所学校这个问题上，绝大多数人考虑的依然是，这个学校的毕业生出了多少个名人，考研究生录取率有多高，当总统的概率有多高。所以，因果绝对不是一个简单的问题。

大机构也逃不过因果的思维误区

我们普通人会犯这些错误，那么政府部门、大公司也会犯这些错误吗？当然，这是思维误区，没有人跑得掉。

比方说，有个市长看了很多统计数据，发现火灾事故还不如不救，因为火灾的损失和投入的消防人员的数量成正比。如果想把火灾损失降下来，那就要少派几个消防人员去救火。这个逻辑对吗？当然不对，这也是一个简单的因果倒置错误。

这个例子比较清晰，其他例子就不太容易识别了。比方说，美国有一家很大的保险公司，在新闻媒体上发表了一个科研结论，通过一大堆统计数据分析证明：住院时间越多，对健康的损害就越大，即住院时间长会导致健康损害。细一分析好像也有道理，医院的环境不好，周围全是病人，每天都会有"我是病人"的心理暗示，当然对健康不利。

可是你仔细观察一下就会明白，这个结论简直就是狗屁！身体比较好的人，住院的时间自然就短；住院住得比较长的人，本身就是身体不好的人嘛。就这么一句废话，生生就能变成一个科学原理。

再比如说，一个银行家某天喜滋滋地捧出一份报告，说发现了一个不得了的真理：负债越高的公司，经营业绩越好，所以我们要勇敢地借钱、勇敢地冒风险，敢负债的企业利润率就比较好。

这好像是一份颠扑不破、蕴含真理的报告，你把它的底裤往下一脱，会发现一个很简单的道理：只有经营得好的公司，才有人愿意借钱给你，你才有可能负债；经营得不好的公司，鬼才借给你钱呢，负债当然就少了。

不管你是一个普通人，还是一个大机构，都经常会被这种倒错、混乱的因果关系所蒙蔽，找到那些看似科学的依据。

一定要警惕的三个老鼠洞

有朋友就说了，有必要把因果关系上升到思维误区这么高的层面吗？不过就是一时犯点小糊涂嘛，明白人在旁边稍加点拨一下，以我等的智商，还不是马上就能明白过来了吗？

你还真别觉得有这么容易。因果关系的分析非常容易，就像猫抓老鼠，只要你让我追，我肯定追得上。但问题是，老鼠是有洞的。正如美国动画片《猫和老鼠》，最后往往是杰瑞赢，因为杰瑞跑进了洞里，汤姆拿它没办法。

在因果关系的思维误区后面，我们也有很多老鼠洞可以钻。

我是坚决反对中医的，有人就要质问我各种问题了。他们在逻辑和因果关系上很难说服我，但他们仍有"三个老鼠洞"。

第一个老鼠洞是经验。劳动人民在长期的生活、工作、学习过程中，总结出了一整套行之有效的医疗办法，这就叫中医，你能够反驳几千年中华文明的结晶吗？

第二个老鼠洞是权威。李时珍是神医，《本草纲目》是经验的沉淀吧？《本草纲目》第一页上有一味药，叫"梁上尘"，又名烟珠，是什么东西？就是房梁的尘土，稍微拿火烧一烧，然后筛干净，这就叫梁上尘。这味药后面还有个药方，

第四章
今天我们该怎么活

简直亮瞎了我这对狗眼！它治的病名字叫"缢死"。就是说遇到上吊死了的人，找四根管子，把烟珠搓成小泥丸，搁在四根管子当中，让人从两耳和两鼻当中用力吹入，死者可得活。你相信吗？

如果说这叫糟粕，我们继承前人的东西，应取其精华，去其糟粕。那我们怎么分辨精华和糟粕呢？那些人就又没词了。这个时候，他们还有最后一个老鼠洞，就是道德问题，他们会问我爱不爱国。你敢反对中医，那你就是汉奸，你一定拿了谁的钱，在替人家说话。

他们站这个老鼠洞里，用道德的理由向我们问难的时候，我们这些汤姆站在老鼠洞外面，就无计可施了。

所以搞清楚因果关系，是当个明白人的第一步，但是更重要的是，我们一定要警惕三样东西：所谓的经验之谈，所谓的权威话语，所谓的道德说辞。

正像王安石说的那样，"天变不足畏，祖宗不足法，人言不足恤"。想当一个自由的批判者，我们必须忍受这几个老鼠洞。

相似性和接触性

想当个明白人是何其难呀，我们脑子中充斥了各种错乱的因果关系，这些错乱的因果关系还直接影响着我们的行为决策。我们人类要基于这些不靠谱的因果关系，来实施对这个世界的不靠谱的控制。

不仅是今天，远古时代我们就是这样。人类学家弗雷泽写过一本名著，叫《金枝》，其中就总结了远古巫术的两个原则：第一个叫相似性，第二个叫接触性。

现在科学这么昌明，我们人类还有没有巫术思维呢？简直是俯拾即是。

先说相似性巫术。一个赌徒在赌场里掷骰子，他想掷一个大一点的点儿，他就会用力去掷；想要一个小数，他就会轻轻地掷，这就是他脑海中建立的相似性的相关性。

再说接触性巫术。很多大型写字楼里面的温度都是由中央空调控制的。有人会嫌热，有人会嫌冷，怎么办呢？工程师很聪明，在每个楼道里装了一个温度控制开关，可以随意调节温度。其实这个开关跟整个中央空调系统毛关系都没有，但是你就会觉得很爽。

比如说纽约的曼哈顿，斑马线旁边的红绿灯，柱子上都有一个按钮，据说按下这个按钮多少秒之后，灯就会变颜色。所以很多人就去按，按完在那儿等着的时候，心里就会很踏实。其实，这个按钮和红绿灯也是毛关系都没有。

这些例子都说明，人类是试图控制世界的，只要依据我们掌握的因果关系，我们就会踏实，就会觉得我们控制了世界。事实上，那个因果关系是存疑的。

公共政策的很多失误

我们再说几件大事。这种因果关系的倒错，也导致了很多公共政策的失误，人类支付的成本也是非常高的。

举个例子，是我从书上看来的。1992年，美国普林斯顿大学的等离子物理实验室，风传要被国家关闭，国家再也不拨款了。这家实验室是研究什么的呢？核聚变能源。国会感觉这项研究前途无望，所以就决定把这笔预算给砍掉。

这实验室的领导人霍尔特教授一看马上要没活干了，就回家做了一个非常漂亮的PPT，到处去演讲。他的结论是：能源使用越多，这个国家的人寿命就越长，不信请看数据。所以，国家要鼓励能源的探索、发现、科研，以后这个国家的老百姓才能活得长；老百姓活不长，全赖政府砍了这些预算。

他在数据上造假了吗？没有。看起来就是板上钉钉的因果关系，但明眼人一看就知道，这是扯淡。我们也可以换句话讲，垃圾产生得越多，这个国家的人寿命就越长；被车撞死的人越多，这个国家的人寿命就越长；吃垃圾食品的人越多，这个国家的人寿命就越长。为什么？因为发达国家都会出现这些现象。

所以，把两个分支的、互不相关的现象用因果关系连在一起，试图通过公共政策的建立，把它变成某个国家行为，去拨款几十亿美元来干活。你看,这就是因果关系的错乱要付出的代价。

阿斯巴甜:隐藏很深的因果关系

霍尔特教授的这个小诡计是很容易识破的,但是下面这些就没那么容易识破了。

20世纪90年代中期,美国有一帮科学家,都是正牌的精神科的科学家,他们吃惊地发现,有一个万恶的东西,正在戕害美国人的健康。什么东西呢?阿斯巴甜,一种代糖,吃着很甜,但它不是蔗糖,不含卡路里,现在很多糖尿病人的食品中都有。

他们发现,阿斯巴甜的销售量直线上升。与此同时,美国人得脑瘤的概率也在直线上升。于是,这帮有良心的科学家就四处大声疾呼,说一定要禁止阿斯巴甜在美国的销售。一时间,全世界,尤其是西方发达国家,都开始反对阿斯巴甜的销售,理论依据就是这一次科学发现。

可是,让我们静下心来想一想,真是那么回事吗?我承认,科学家们没有造假,阿斯巴甜的销售量和脑瘤的发病率是正相关。可是在这个阶段,正相关的数字有多少呢?比如说美国有线电视的入户率在上升,里根政府的财政拨款在上升,IBM公司的营业收入在上升,你甚至可以说汤姆·克鲁斯的影艺事业也在上升。如果阿斯巴甜要对脑瘤负责任，那么里根总统要不要负责任？汤姆·克鲁斯要不要负责任？这样得出的因果关系是非常可笑的。

但是直到2009年，美国还有一个州差点通过一项法律，禁止阿斯巴甜的销售。可见这个因果关系虽然极其可笑，但要把它想明白是多么难。

我们可以信的因果

我们再来考察一个问题，请问吸烟有害健康吗？是个人都会说，废话，当然有害健康，不信可以看数字：吸烟的人肺癌发病率比不吸烟的人高10倍。这是一个被反复引用的数字。我们承认这是事实。但是请问，这能得出吸烟危害健康的结论吗？它们之间有因果关系吗？

还有很多数字，比如吸烟的孩子比不吸烟的孩子抽毒品可卡因的概率要高50倍，吸大麻的人比不吸大麻的人自杀率要高3倍，等等，这些可怕的数字在各种期刊上泛滥。

但是用我们前面讲的因果关系再反思一下，还能得出这个结论吗？我们假设存在一个基因特征，有这个特征的人，容易吸烟上瘾，与此同时，也容易得肺癌。虽然表面上看来，正相关性就是吸烟和肺癌，但是根本的原因，很可能就是基因特征。

我们随便举个例子，穿高跟鞋的人比不穿高跟鞋的人涂口红的概率高10万倍，这能说明什么呢？什么都不能说明。穿高跟鞋跟涂口红，毛关系都没有，真正的原因是：这个人是一个女人。

我当然不是要为"吸烟有害健康"翻案，虽然确实有"吸烟有益健康"这种说法。我想说的是，无论吸烟有益健康还是有害健康，都是根据这种并不牢靠的因果关系得出来的结论，本质上都不可信。

有的人就反对说，那世界上还没有因果了？有因果，但是请注意，我们可以信的因果是什么？是科学家们在实验室，排除了一系列的其他变量，只剩下一个变量的时候，得出来的实验结果。

比如说，我们想知道阿斯巴甜会不会导致脑瘤，怎么实验呢？让一堆人在一模一样的环境下生活，他们有一样的性格，吃一样的东西，想一样的事。把这些分成两组，一组吃阿斯巴甜，一组不吃，看哪群人当中得脑瘤的概率高。这个叫科学研究结果。

可是这怎么可能呢？现实生活中去哪儿找得到一模一样的人？所以说，针对人这么复杂的东西，想在医学和健康方面得出一个因果关系的结论，是何其困难啊。

这些都只是小概率事件

有人可能会说,在复杂现象面前就没有规律可以把握了吗?比如说巴菲特,在投资理财这条道路上过关斩将,成了大富翁,你罗胖得服吧?

我服,但我还是得告诉你,这只是小概率事件。小概率事件中有没有规律我不知道,但是我知道,这个规律你把握不了。要不信,我告诉你一个骗局。这不算教唆,只是一次普法教育。

有骗子是这么干的:找一万个邮箱号,第一天给其中的5000人群发一封邮件,说明天哪只股票要涨,然后把这只股票要跌的消息发给另外5000人。第二天,如果这只股票跌了,那收到要涨的邮件的5000人就不信你了,可是另外5000人就信了。可以再发一封邮件,换一只股票,告诉其中2500人要涨,告诉另外一半人要跌。第三天,股市一开盘,就又淘汰掉一半人。就这样淘汰来淘汰去,过些天,其中就有一小部分人发现,哇!竟然全预测对了,简直就是股神啊,否则那么多只股票,怎么可能天天都对呢?这时,骗子的邮件又来了:现在往我账户里打钱吧,我来帮你炒股。你把钱一打给他,他就跑了。

这个骗局就是小概率事件,小概率事件在互联网时代,很容易通过这种方式复制出来。所以你看见的那个成功者,他也许就是一个小概率事件,并不意味着他就掌握了规律。

你可能又会反驳:别扯了,我们生活中明明就有一些事情,相互之间就是有因果关系的,而且不是小概率,屡试不爽。我给你讲三个例子:有一个人经常背疼,一旦疼得受不了,就去找一个心理医生,医生不管跟他说点啥,第二天他的背疼就减轻了;有一个人是高尔夫球运动员,一旦某次比赛中他觉得自己打得不好,就回去找他少年时的启蒙教练,那个教练跟他谈谈心,纠正一下他的动作,第二场就会打得好一些;有一个股市的交易员,一旦大市不好,他就会跑到厕所跳一种自创的舞蹈,他管它叫"雨舞",他发现每次跳完之后,股指就会好起来。这三个可不是小概率事件,那请问,有因果关系吗?

我告诉你,没有因果关系,这叫正常的回归平均值的活动。

第一个人,他背疼得受不了的时候,也就是达到了这个平均值的峰值,他这个时候不管去不去看心理医生,疼痛值都一定会往回弹,就不那么疼了。

高尔夫球运动员也一样,他的表现已经不正常到了一个极点的时候,他才会开那么远的车去找他童年的教练。不管他找没找这个教练,第二场比赛的表现都会回弹。股市交易员那个例子也是同样的道理。

很多道理就这么简单。所以,中医界有这么一句话:"倒霉医生看病头,走运医生看病尾。"此时治不治,你都该好了，未必就是你想的那种因果关系。

因果关系就是说故事

我其实想强调的一点是，我们观察到的因果关系，即使你确信无疑，在进行一些公共政策实施的时候，你也会陷入一个失控的陷阱。

举两个小例子。早年法国殖民政府在统治越南的时候，发现鼠害成灾，怎么办呢？杀老鼠啊，这个因果关系不能再明确了。于是，法国殖民政府发布悬赏令，号召百姓杀鼠，杀一只老鼠给多少钱。

结果呢？越南的老鼠进一步泛滥了，为什么？谁会笨到天天跑去大街上逮老鼠？老鼠繁殖得很快，干脆抓来一公一母在家里养着，然后养大了直接到政府那儿去领钱。

再比如说，1947年，西方有一个重大的考古发现，叫死海古卷。这一年，有一个小孩在死海附近的山洞中发现了一些羊皮卷，这些羊皮卷后来被证实是一些用希伯来文书写的早期伊斯兰教、犹太教、基督教的经文。当地的考古队就想，看来散失在民间的这种古羊皮卷纸应该还有很多，就贴了一个告示悬赏。

你知道结果是什么吗？当地的农民果然把大量的死海古卷都给送来了，但是因为你是按张数来付钱的。如果你有一大张，那最理性的方法是什么？没错，把它撕成尽可能多的小张送去。所以，这个保护文物的举措，最后恰恰残害了文物。

换句话说，当我们人类基于自己所理解的因果关系，试图控制外界的时候，即使这个因果关系确定无误，也许你干的也是一件不理智的事情。

今天，罗胖飞起一脚，把因果关系这个摊子给踢飞了。你会问："这是你独创的歪理邪说吗？"还真不是。话说18世纪的时候，英国有一个哲学家叫休谟，把这事已经干完了。他就说："哪有什么因果关系？无非是外在世界一堆相关联的事物而已，是在人的脑子里把它拼成了因果关系，就是说故事嘛。"

"说故事"这三个字就道出了因果关系的本质。

国王死了。几年后，王后也死了。

这句话就没意思，仅仅是一个片断的历史记载而已。

国王死了。几年后，王后也伤心地死了。

这就有意思了吧？因为它是故事，它戏剧化了，其中构建了因果关系。于是，我们就能迅速地接受、理解并记忆下去。

读点经济学作品的必要性

因果关系既是人类过去的思维方式，可能再往后很多年，我们还不得不这样思考。那你就会问了："那我们人类应该怎么办呢？"

要知道，在休谟之后，出现了一门新的学科，叫经济学。

第四章
今天我们该怎么活

你不要以为经济学就是教你怎么挣钱的，它实际上开创了一种全新的思维方式。今天如果我们想摆脱思维误区，想做一个明白人，读一点儿经济学的作品，还是有必要的。

举个例子。现在有一份商学院的招生简章摆在你的桌面上，负责招生的人告诉你，有大量数据证明，读过商学院的人比没读过商学院的人，在退休的时候财产平均要高40万元以上。就是说，你今天交给我10万元，30年后至少能收获40万元。那请问，你是读还是不读呢？

如果按照商学院的这个因果关系来看，似乎是很划算的，应该去读。但是如果用经济学的思维方法再来看，就未必是这么回事了。

经济学当中有一个非常简单的概念——成本。我们通常会这么理解这个词，天下没有免费的午餐，背后都是有成本的，每一份免费午餐的背后肯定有阴谋。但实际上，"成本"在经济学理论中不是这个意思。

它是什么意思呢？就是一顿免费的午餐摆在你面前，即使别人什么都不图，甚至说只要你来吃这顿午餐，再倒贴给你1000元钱，你也是有成本的，你一定要放弃一些什么东西，才能获得这个东西。

请注意，在经济学里，不是说你为得到这个东西花了什么，而是说你为得到这个东西放弃了什么，这个东西才叫成本。

我们通常理解的那个成本叫会计成本，经济学上的成本叫机会成本，之间的区别主要是两条。

第一条，经济学从来不承认有固定的、客观的、标准的成本。

比方说，我罗胖今天来到演播室录像，成本是多少？你可能会帮我算，打车去多少，摄像师一天工资多少，演播室的租金是多少，等等，加起来就是成本。错，这都不是成本，真正的成本对于我来说是什么？是我今天放弃了什么来到这儿录像，那个东西才是我的成本。假设今天有人给我50万元钱，让我主持一个活动，那今天对我来说成本就是50万元钱。

所以，没有客观的成本，只有根据具体人、情况来定的成本，这是经济学上成本的概念。

第二条，是经济学中的成本永远是往前看的，不往后看，所有过去的东西都叫沉没成本。

比如今天我罗胖饿了，到一个饭馆，花10元钱点了一碗面条。面条热腾腾端上来，我吃了一口，太难吃了。如果现在我放弃吃这碗面条，我的成本是什么？

你可能会说，不就是10元钱嘛。但是经济学会告诉你，不是那10元钱的事，因为那10元钱跟当下的决策毫无关系。我已经吃了一口，饭馆也不给退了，所以那10元钱已经跟我无关了。

现在咱们讲成本，就是我不吃这碗面条，成本是什么？两种可能：第一种可能，我吃了这碗不好吃的面条，生病了；第二种可能，我没吃完这碗面条，我浪费了东西，结果被雷劈死了。

这个时候，我面对的选择有两个：不想生病付出的成本就是要被雷劈，不想被雷劈的成本就是生病。经济学的思维方式

第四章
今天我们该怎么活

就是这样，永远往前看，是未来发生的可能性。

所以很多人在讲成本、收益的时候，往往就是利用老百姓不懂经济学这一点来糊弄大家。

举个例子，某国企的董事长说："今年我们为国家创造了多少多少利润，证明我是有功劳的。"但是在一个经济学家看来，这叫屁话。你创造了多少利润，那一定是正的收益吗？不见得。未来多少种可能之间的替换，才能衡量出你的价值。

换句话说，你现在掌握着国有资产，你掌握着垄断资源，你挣了这么点钱。那换柳传志来干，看他能挣多少钱，如果他能挣100个亿，而你今年只挣了20个亿，那你就是欠国家80个亿，你的价值是负的。所以不管是成本还是收益，经济学都是另外一套思维。

我们再来总结一下：第一，它是在多种可替代的可能性的对比中来思考事物；第二，它永远不看过去，而是看未来。

放开视野，面向未来

说到这儿，我不知道你明白点儿什么没有。我们所批判的因果关系，其实就是试图把你控制在两个地方。

第一，狭窄地看世界，告诉你因果，因为这样，所以才能那样；不这样，你肯定就得不到那个果。

经济学从来不这么看问题，就像有的政府官员为了要盖一座楼堂馆所，就会跟老百姓说，盖完楼堂馆所就有多少多少好处，试图把你的思维局限在这个小范围内——有这个因就有那个果。

而有经济学思维的人就不会这么想，他们想的不是你盖这座楼堂馆所的好处是什么，他们想的是，如果不盖这座楼堂馆所，盖一个医院、盖一个学校呢？甚至盖一个火葬场，没准儿收益都比你盖这个楼堂馆所大，是比较出来的结果。

那么，经济学怎么解决因果关系？先放开视野，找到多种可能性，再回头来看，你给我的这个狭窄的因果关系是不是还有效。

第二，因果关系总会告诉你过去的经验是有效的，而经济学不认这个账，过去的东西就让它过去吧，关键是面对未来，我们来看看能发生什么。你所有的比较、所有的决策依据，都不是过去的经验，而是面对未来的那些可替换的可能。

我推荐大家看著名的经济学家王福重先生写的《人人都爱经济学》，这本书用最通俗易懂而有趣的语言，讲述了最清晰的，也是人类共同的智慧成果的经济学思维。

我的两个生存信条

我们再回头来看那道商学院留下的算术题：现在花10万元学费，30年之后，你会比没读商学院的人多40万元存款。请

第四章
今天我们该怎么活

问,划算不划算呢?

经济学思维告诉你,根本就不能这么想问题,不是这10万元划算不划算的问题,你要另外想。如果我省下这10万元,又省下了这几年时间,我有没有可能做一些其他的尝试?比如说多去旅游,比如说跟一个工艺美术大师学一门手艺,30年后我会不会拥有比这40万元更多的东西呢?我们一定要跳出别人给我们设计好的因果论的框框去想问题。

你可能会说:我又没有经济学思维,我又看不破那些因果关系,应该怎么生存呢?

在这里,我不妨讲讲我的两个生存信条。

第一个,我坚决不相信一切人告诉我的狭窄的因果论。越是在一个由互联网提供丰富可能的现代化社会里,所有这些话越可能是屁话。

我还记得电影《致青春》中有这样一个情节:朱小北同学因为打架被学校开除了。那天,我是陪爸妈一起去看的,我就听见我爸在那儿嘬牙花子:"哎呀,好可惜。被学校开除,这辈子就完了。"我爸小时候就常拿这种话吓唬我:"你再调皮,让学校记一大过,那档案会跟你一辈子。"

但是后来怎么样呢?电影里,朱小北后来开了个培训公司,成教育家了。这个社会天无绝人之路,每一个狭窄的因果关系的旁边,都有无穷无尽的其他选择。所以,不管你是用权威,拿人类的经验,还是拿什么道德立场作为要挟,跟我讲一个固定的因果关系,我都会用一个自由主义者的批判精神告诉你：我好像不太信，或者是你给我更多的理由，我才信。

第二个人生信条，与此正好相反：用自己能够认同的因果关系，来把握自己的决策。

如果我罗胖什么都不信，那我不就是一个杠头吗？无论别人干什么，我都告诉他，这背后的因果关系不可信，那我还怎么生存，还怎么跟别人交往？我会变成一个情商特别低的人，而且人生中每一个决策都不能做了。所以，我也不能这样生活，这样生活的人是追求真理的人，而我是要追求生存而且生存得舒服的人。

在做具体决策的时候，就要把真理忘掉。比方说有一次录像时，我得了咽炎，嗓子疼得说不出话，我就使劲吃药，中药、西药我都吃。我不信中医，是我不信它那套因果方法，并不是说所有的中药一定没用，我没有这个把握，所以我在病急的时候，就乱投医，管它是什么药，只要有可能帮我解决当下的难题，我就照单全收。万一哪种药吃了有用，咽炎立消，我就能录像了，我就有收益啊。

所以说，人在具体做决策的时候，不能死心眼。我们终生的任务，不是说一眼看破因果，从此遁入空门。我们要做的是，不断地提高自己的理性程度、分辨能力，扩大自己的知识面，建立以自我为主导的人生决策能力，然后在每一个选择的关头，用自己能够认同的因果关系，来把握自己的决策。我们只能做到这一步，因为我们所有人都是凡人。

既不信因果，每一步决策又依据因果，这不是自相矛盾吗？

如果你还这么问,那我就送你两句话好了。第一句话是亚里士多德说的:一个智者的目标不是追求幸福,而是尽其可能地避免不幸。

无论你信不信因果,有些不幸你都没法避免。那我们能做的就是避免不幸,不断地提高自己的认知能力,避免自己变成一个糊涂的人,尽可能清醒地思考和明智地行动,这就是每一个人命中注定能够做到的极限。

第二句话,是美国人爱默生讲的:一个人在集体中,就容易按别人的想法思考;在孤独的时候,就容易按自己的想法思考。而真正的牛人,就是在集体中可以按自己的想法思考的人。

即使身处集体之中,我仍然不会被那些虚妄的、假设的、不靠谱的所谓因果关系绑架,我还能按照自己所认定的那种虽然是虚妄的、不靠谱的因果关系来思考,我也就算赢了。